NIETZSCHE Y LA CIENCIA

MODULACIONES EPISTEMOLÓGICAS III

REUN
RED DE EDITORIALES
DE UNIVERSIDADES
NACIONALES

EDUNLa Cooperativa
29 de Setiembre 3901
(CP 1826) Remedios de Escalada, Partido de Lanús
Pcia. de Buenos Aires, Argentina
Tel.: +54 11 5533-5600 int. 5727
edunla@unla.edu.ar

Universidad Nacional de Lanús

Nietzsche y la Ciencia
Modulaciones Epistemológicas III

Maestría en Metodología de la Investigación Científica.
Centro de Investigaciones en Teorías
y Prácticas Científicas

Cristina Ambrosini, Andrés Mombrú
y Pablo Méndez
EDITORES

Colección Humanidades y Artes
SERIE FILOSOFÍA
Ediciones de la UNLa.

Ambrosini, Cristina; Mombrú, Andrés; Méndez, Pablo
Nietzsche y la Ciencia: Modulaciones Epistemológicas III/
Edición a cargo de los editores. 1ª ed.
Remedios de Escalada: Edunla, 2016
222 pp.; 23x16 cm. – (Filosofía)

ISBN

Epistemología. I. Los editores, ed. Lit. III, Título
CDD

Fecha de catalogación: 21/08/2015

Diseño e ilustración de cubierta; diagramación:
Vladimir Merchensky, www.tantatinta.com

ISBN:

Impreso en Argentina
Queda hecho el depósito que marca la Ley 11.723

29 de Setiembre 3901
(CP 1826) Remedios de Escalada, Partido de Lanús
Pcia. de Buenos Aires, Argentina
Tel.: +54 11 5533-5600 int. 5727
publicaciones@unla.edu.ar
www.unla.edu.ar

Índice

Prólogo.
Nietzsche, el epistemólogo intempestivo

Este libro anuncia en su título una conjunción explosiva: *Nietzsche y la ciencia*, y como subtítulo, "Modulaciones epistemológicas III": lo cual indica que hay dos libros que lo anteceden. El primero llevó por título *El poder y la vida. Modulaciones epistemológicas*, Esther Díaz (ed.), Buenos Aires, UNLa-Biblos, 2012, mientras que el segundo se llamó *Gilles Deleuze y la ciencia. Modulaciones epistemológicas II*, Esther Díaz (ed.), Buenos Aires, UNLa-Biblos, 2014. Estos dos antecedentes exploraban territorios donde Nietzsche dejó su huella, su marca. Esta tercera modulación epistemológica es, en cierto modo, un ejercicio de "genealogía" para recuperar el *ancestro común* de los otros dos: la figura de Friedrich Nietzsche. Para destacar la ascendencia de Nietzsche en el pensamiento de Michel Foucault, bastaría con revisar el artículo "*Nietzsche, la genealogía, la historia*", en el cual el pensador francés salda sus cuentas respecto al concepto de genealogía y al uso de este concepto en sus obras, mostrando su fuente de inspiración. Nietzsche, siempre reivindicado, es uno de los apoyos para consolidar, en las obras posteriores, la ruptura respecto de la filosofía del sujeto, puesto que se tratará ahora de escribir la Historia sin referir a la instancia fundadora del sujeto, de analizar la relación entre prácticas no discursivas y prácticas discursivas, y de situar al saber en el ámbito de las luchas. En el caso de Deleuze, su propuesta aspira al mismo enfoque pluralista y combativo, en la empresa de "descentramiento del sujeto", para desde allí "hacer crujir" los cimientos de una ciencia que se presenta a sí misma como un discurso autofundamentado.

La crítica *epistemológica* de Nietzsche a la ciencia no es una crítica ilustrada más, es una declaración de guerra. Para valorar la dimensión de esta crítica –que efectúa Nietzsche sobre el incipiente pero ya influyente movimiento positivista–, debemos recordar que ciencia, ética, política y arte eran regiones aisladas, donde los puentes de comunicación entre saberes habían sido prolijamente desmantelados en el intento de autonomizar a la ciencia, como un ámbito o región de fundamentación racional, del único discurso del que valía la pena ocuparse: el científico. La tesis de la neutralidad valorativa de la ciencia, con sus pruritos de objetividad y universalidad, se impone al calor de las promesas de progreso de la humanidad.

En la segunda mitad del siglo XIX, en el momento de mayor impacto de la Biología de Darwin, de ascenso de la sociobiología y de optimismo racionalista, Nietzsche, el filósofo altisonante, el que anuncia la muerte de Dios, el que espera la llegada del Superhombre, el que ironiza acerca del nuevo amanecer de la Razón, del "canto del gallo del positivismo" como la última etapa de un error, presenta batalla. En contra de la tradición logocéntrica y en tanto epistemólogo, Nietzsche valora la mentira sobre la verdad. En contra de todo intento de "momificar" la *vida* y frente al caos que caracteriza lo viviente, la filosofía, la ciencia, el arte dan forma a lo real, se implantan como errores útiles en la medida en que están al servicio de la superación de la *vida*. El que la mentira sea necesaria para vivir, también esto mismo forma parte del carácter terrible y dudoso de la existencia. Esta es, para Nietzsche, la brújula que orienta la ciencia que le interesa y con la que confronta las nociones establecidas acerca de la verdad: *la esencia de la verdad consiste en una evaluación*. Evaluar significa "tomar algo como valor y usarlo como tal." Aquí "valor" quiere decir: condición perspectivista de la intensificación de la *vida*. Toda evaluación es expresión de condiciones de conservación y de crecimiento.

Así, la verdad como tener-por-verdadero es una falsificación, es un error que puede ser inútil (cuando consolida los valores decadentes) o útil (cuando permite la esquematización del caos y la superación de la vida). En contra del Humanismo moderno, Nietzsche considera al hombre como un animal enfermo y a los sacerdotes y sus sucedáneos disfrazados –los filósofos, los científicos– como los médicos que bajo el pretexto de curar al enfermo, envenenan las heridas. Nietzsche se propone *desenmascarar* y *denunciar* las enfermedades que se encubren bajo los valores más venerados en Occidente en vista a una "transvaluación de todos los valores", especialmente el valor de la verdad. La metafísica, la moral, la ciencia, el arte son tomadas en consideración como diversas formas de la mentira y deben reconsiderarse, pero lejos de aniquilar con esta concepción la racionalidad, propone ponerla al servicio de otras causas, ya que es necesario creer en la vida. "La vida debe inspirar confianza": la tarea, así planteada, es colosal.

La contradicción, la lucha, la alternancia de creación y de destrucción, el placer y el dolor, pueden ser liberados de los ocultamientos que efectuó la metafísica y pueden tener otro sentido que el que les adjudicó la tradición. El hombre tiene que ser un mentiroso por naturaleza; más que cualquier otra cosa tiene que ser, además, artista. El arte no es algo ajeno a la ciencia; concebido como transfiguración, es un acuerdo con el devenir y de allí que le conceda el valor más alto. Desde este punto de vista, el arte también es un conjunto de *mentiras*. El arte, como configuración, como creación de formas, es un *falseamiento* del devenir que no puede ser detenido por ninguna verdad última. Puesto que no hay más que un mundo y éste es cruel y feo, es necesario el arte como poder transfigurador, como juego estético. Estas verdades falsean el devenir, pero están puestas al servicio de la vida como "voluntad de poder". La aparición de estas "verdades" es un refugio. En el plano del conocimiento, la concepción de la voluntad de poder requiere la esquematización del devenir en algún conjunto de creencias que se saben provisorias. La batalla iniciada por Nietzsche contra el nihilismo decadente necesita de la instauración de nuevos mitos que aseguren una nueva cohesión para la experiencia.

El desafío consiste en evitar transformarse en el fundador de otra religión. ¿Cómo instaurar un nuevo mito sin recrear el rasgo socrático o cristiano? Estas verdades parecen ser postuladas como simulacros, como formaciones estratégicas destinadas a fundamentar alguna perspectiva. La *vida* habla el lenguaje de la verdad a través del error. La voluntad de poder necesita de máscaras, de no-verdad para mostrarse. Las consecuencias ético-políticas de esta nueva concepción epistemológica de la vida no se hace esperar: la vida concebida como "voluntad de poder" parece no ser solamente vista como "voluntad de supervivencia", sino como "voluntad de superación". Donde falta la voluntad de poder hay "animal de rebaño", hay "humanismo cristiano". En distintos aforismos y pasajes de sus obras, encontramos a un Nietzsche genealogista que denuncia los distintos modos de sujeción, de arrebañamiento y de domesticación al que se ha sometido a los hombres bajo el nombre de "moral" cuando incluso se utilizan términos zoológicos como el de "rebaño" y "pastor de ovejas". Si la vida es voluntad, ¿tiene entonces alguna intencionalidad, persigue algún fin? La respuesta es negativa, la vida es ciega y azarosa, su "querer" no se satisface nunca. Esta afirmación podría extenderse a Schopenhauer pero, a diferencia de su antecesor en estos temas, las conclusiones de Nietzsche no son pesimistas. La voluntad se quiere a sí misma, pero no para devorar y asimilar a sí todo lo que existe, sino para fortalecer y acrecentar sus fuerzas.

La ciencia conocida por Nietzsche es denunciada como síntoma de una enfermedad, como malentendido, si bien también piensa en la alternativa de concebir otra ciencia, una que se presente como medicina, como estímulo, como freno. Esa es su "epistemología". El género artístico que corresponde a este nuevo emprendimiento es la comedia. La gaya ciencia, la jovialidad, es una actitud compensatoria luego de una larga historia de seriedad. Se necesita que esta nueva mirada genealógica sobre el pasado, sobre el modo en que se constituyeron los valores que dan por resultado este "animal de cría" que es el hombre, sea superado. Esta curiosa operatoria anima su pensamiento y en este sentido se justifica una de sus afirmaciones más provocativas: "quienes más saben de felicidad son las mariposas y las burbujas de jabón, y todo lo que entre los hombres es de su misma especie".

⋆ ⋆ ⋆

La mayoría de los trabajos presentes en este libro fueron expuestos en el *III Congreso Internacional de Epistemología y Metodología. "Nietzsche y la ciencia"*, organizado por la Maestría en Metodología de la Investigación Científica y el Centro de Investigaciones en Teorías y Prácticas Científicas del Departamento de Humanidades y Artes de la Universidad Nacional de Lanús, bajo la Dirección de la Dra. Esther Diaz y la colaboración de los actuales editores de este libro. Este evento se realizó en la Biblioteca Nacional durante los días 8 y 9 de mayo de 2014. Allí se ofrecieron conferencias sobre metodología, epistemología y pensamiento nietzscheano. También se realizó una performance recordando los 30 años de la muerte de Michel Foucault, titulada "Esto no es un congreso. Una visita intempestiva" a cargo de Mariano Dorr, donde interpretó un texto escrito por la Dra. Esther Díaz. El cierre del Congreso se realizó mediante una comunicación oral y un concierto a cargo de Paulo de Assis, Valentin Gloor, Juan Parra y Michael Schwab (Orpheus Institute, Gante, Bélgica): "El fragmento en sí mismo. Assemblage estético-epistémica para voz, piano, electrónica y video proyección, con música y textos de Friedrich Nietzsche". Coordinación y traducción consecutiva, Fabio Aste (Actor y Traductor).

La presentación de estos artículos ha sido compilada en una división en cuatro partes:

I El martillo como herramienta epistemológica
II Para una ética de las rupturas y de las convergencias
III Melodías nietzscheanas
IV Las políticas de vida y la vida como política

Como hemos dicho, en su concepción de la vida, Nietzsche integra epistemología, ética, estética y política. Ello se refleja en todos estos escritos, por lo cual el agrupamiento propuesto tiene solamente la intención de privilegiar algunos aspectos sobre otros, sin desconocer el carácter superador de la filosofía nietzscheana frente a estos hábitos de catalogación.

Finalmente, en homenaje a la Dra. Esther Díaz, –ella también una epistemóloga intempestiva– alma mater y organizadora de los tres Congresos Internacionales de Epistemología y Metodología: "El poder y la vida" (2010), "Gilles Deleuze y la ciencia" (2012) y "Nietzsche y la ciencia" (2014), podemos afirmar que contribuyó a formar una comunidad de "amigos en la locura", como diría Derrida. En un gesto nietzscheano, en el intento de conformar un nosotros, la Dra. Esther Díaz convocó junto a ella, una vez más, amigos capaces de proyectar nuevos ideales a partir de los cuales criticar y resistir algunas prácticas vigentes en nuestros medios académicos. Uno de los resultados es esta compilación de escritos, en la que se puede advertir que, cada uno a su modo, expresa esta necesidad de repensarnos para "llegar a ser el que se es", es decir, para asumir una tarea que requiere del uso del martillo, pero no al modo de un mero destructor iconoclasta, sino, como bien sugiere Eugen Fink; para golpear como el escultor, que va modelando una figura que parece estuviera contenida en la roca y que él, cincelando, arrancando a golpe de martillo los pedazos sobrantes hace emerger, pero no con el propósito de venerarla, sino con la intención de celebrarla. Conformada por Esther y en vista a la continuidad de esta comunidad de amigos, expresamos nuestro agradecimiento a las Autoridades de la Universidad Nacional de Lanús que han hecho posible que estos esfuerzos dieran estos frutos y que hayan apoyado la aparición de este libro.

EL MARTILLO COMO HERRAMIENTA EPISTEMOLÓGICA

Diálogo entre una lectora de Nietzsche y un lector de Darwin. Nietzsche contra Darwin: la respuesta de Darwin

Cristina Ambrosini - Manuel Alonso[1]

Introducción

La relación de Nietzsche con la ciencia de su época es confrontativa y con el darwinismo es de atracción y rechazo a la vez. Si bien podemos encontrar en Nietzsche una propuesta sociobiológica, se preocupa de tomar distancia de las propuestas darwinianas que conoce para destacar la originalidad de la propia.

Para Nietzsche la "*struggle for life*" (lucha por la vida) es vista desde la frugalidad, desde la escasez de los recursos, como si la supervivencia fuera el fin de la vida. Nietzsche discute esta idea de "lucha". La lucha no es por la preservación de la vida, sino por el poder. No es "lucha por la vida" sino "lucha por el aumento del poder". La Vida concebida como "voluntad de poder" parece no ser solamente vista como "voluntad de supervivencia" sino como "voluntad de superación y de dominación". En la recepción de esta nueva biología, por parte de Nietzsche y a pesar de la admiración que le provoca Darwin, al que en una carta a Paul Rée se refiere de manera elogiosa, objeta dos notas que adjudica también a Darwin: el mecanicismo y el teleologismo.

En esta participación, tendremos la oportunidad de escuchar la otra voz, la de Darwin, contestando a este aforismo y a la mala lectura de Nietzsche para provocar, desde allí, un diálogo mediado (en el sentido de *"medium"*) por un biólogo y una lectora de Nietzsche.

—Cristina Ambrosini: Manuel, tantas veces hemos confrontado ideas sobre la vida, sobre el sentido de la vida o, mejor dicho, sobre el sin sentido de la vida, desde nuestras formaciones disciplinares que nos acercan en muchos

---

[1] Cristina Ambrosini, Universidad Nacional de Lanús - Universidad de Buenos Aires.
Manuel Alonso, Universidad nacional de Buenos Aires. (Argentina).

temas... Pero que también nos distancian, porque yo tengo a Nietzsche muy incorporado en mi modo de ver las cosas y vos sos un darwiniano de ley y, como te conté, Nietzsche escribió varios aforismos sobre sus disidencias con Darwin. Creo que ha llegado el momento de enfrentarlos cara a cara, de darles la oportunidad de dialogar y saldar sus encuentros y desencuentros. Te ofrezco darles esa oportunidad, la que no tuvieron en vida. Te ofrezco darle a Darwin la ocasión de contestarle a Nietzsche. Después de todo, nosotros, sus herederos, somos "*médiums*", y ellos siguen hablando a través de nosotros. En cierta forma, somos ellos y ahora tenemos la posibilidad de tener un auditorio que nos ayude también a traerlos a la vida, a hacerlos hablar de nuevo.

Acusación a la idea de escasez

—**CA**: Darwin caracteriza la vida a partir de la escasez de recursos. Nietzsche lo acusa de dar una justificación "científica" a la escasez, al empobrecimiento. Darwin naturaliza la pobreza y la mortandad de los pobres. Condena lo nuevo, lo anormal, lo no adaptado. Justifica su eliminación. Perece porque es lo que tenía que pasar. Plantea una imagen empobrecedora. En cambio, para Nietzsche la vida es superabundancia de fuerzas.

—**Manuel Alonso**: Justamente, la vida es superabundancia. Y Darwin así la describe. Creo que en este punto tenemos que efectuar dos aclaraciones. En primer lugar, Richard Dawkins, en su libro *El capellán del diablo*, cita una frase de la famosa carta de Darwin a su amigo Josep Hooker en 1856:

> Qué libro escribiría un capellán del diablo acerca del torpe, despilfarrador, desatinado y horriblemente cruel mecanismo de la naturaleza.[2]

La receta darwiniana no incluye la escasez como un resultado de la evolución, sino como un elemento más de la selección natural, uno de los agentes evolutivos fundamentales. La diversidad de la vida es inmensa. No todos los organismos están adaptados, es decir, no todos logran sobrevivir y dejar descendencia. ¿Por qué? Porque nacen más de los que pueden conseguir recursos. Los recursos son los que no abundan, por tanto, no todos se desarrollan, y no todos los que se desarrollan y llegan a la edad reproductiva se reproducen, por

[2] R. Dawkins, *El capellán del diablo*, Barcelona, Gedisa, 2001, p. 17.

infinidad de causas distintas. Algunos son sensibles a virus, otros son devorados por algún predador, o simplemente "se les cae una piedra encima" y no se dan cuenta, a diferencia del correcaminos que siempre elude al coyote. ¡Puro azar! En síntesis, Darwin ve un mecanismo despilfarrador, ve abundancia.

En segundo lugar, esa abundancia acompañada de diversidad es el sustrato para la evolución. Dicho de otra forma, la enorme abundancia de diversidad es consecuencia del mecanismo evolutivo. Los seres vivos se encuentran en un ambiente que cambia (y cuando me refiero al ambiente, quiero decir el entorno en su máxima expresión, que incluye a otros seres vivos, y factores no vivos, como precipitaciones, temperatura, relieve, todo lo que pueda ocurrir).

¿Cómo saber qué va a pasar en un futuro? Es decir, ¿cómo asegurarse que la próxima generación también esté adaptada, que sobreviva y deje descendencia? No hay forma de saberlo. Entonces, ahí entra a jugar el azar. La progenie presenta cambios, los hijos son distintos a los padres, producto de distintos mecanismos como la reproducción sexual, la recombinación genética, y las mutaciones que ocurren en el DNA. Darwin no conocía estos mecanismos, pero sí hablaba de "descendencia con modificación". Por tanto, al presentar variaciones, los hijos son distintos a los padres, alguno de ellos llevarán una modificación que le dé alguna ventaja, otros no. ¿Cuál será la modificación favorable? No se sabe, sólo algunos serán los favorecidos. Pero la selección natural es ciega y no tiene rumbo. Por consiguiente, para responder a su crítica desde este segundo punto de vista, cuanto mayor sea la abundancia de variabilidad, mayor será la probabilidad de sobrevivir.

Mr. Darwin sostiene que la naturaleza es bastante despilfarradora. Coincide, por tanto, con Herr Nietzsche según parece. Podríamos también discutir los otros términos de la carta que menciono y, quizá, Nietzsche también acuerde conmigo que lo torpe, desatinado y horrible son puntos de vista puramente humanos, como refiere Dawkins.

Y me reservo para más adelante el tema de la escasez a la que supongo que Nietzsche se referirá también.

Acusación en la idea de "lucha"

—CA: Triunfan los que se reproducen, triunfan los sobreadaptados y esta es una imagen que para Nietzsche es empobrecedora de la vida porque condena a lo raro, lo distinto. No hay lugar para lo raro, merece morir porque es degenerativo. Los más son más débiles. La fortaleza es una nota anormal porque se forman rebaños y hay domesticación. Si sobreviven los domesticados, los sobreadaptados, hay empobrecimiento de la vida. La "lucha" apunta a una finalidad, se mantiene la teleología. La finalidad de la vida es la supervivencia del más adaptado. Lo mismo, es empobrecedor. Frente a la idea de la vida entendida bajo la fórmula de la lucha por la supervivencia, Nietzsche opondrá la vida entendida como voluntad de poder. Con la contraposición entre conservación y aumento de poder, Nietzsche pretende introducir las nociones de pérdida, sacrificio, y muerte en la esfera de la vida. Para Darwin la lucha se da entre individuos, pero para Nietzsche la lucha es interna, no hay una identidad cerrada, la voluntad sacrifica la autoconservación:

> Querer conservarse a sí mismo es la expresión de una situación de emergencia, una limitación del instinto verdaderamente fundamental de la vida que se dirige hacia la ampliación del poder, y que a través de esta voluntad muy a menudo cuestiona y sacrifica la autoconservación. Considérese como algo sintomático cuando filósofos particulares, como por ejemplo el tísico Spinoza, ven, tuvieron que ver lo decisivo en el así llamado instinto de autoconservación –eran precisamente hombres en situación de emergencia. [...] En torno a todo el darwinismo inglés se respira algo así como el sofocante aire de la sobrepoblación inglesa, como el olor de la gente pobre en la penuria y la estrechez. Pero, en tanto investigador de la naturaleza, se debería salir de su rincón humano: y en la naturaleza no *dominan* las situaciones de emergencia, sino la abundancia y el derroche llevado incluso hasta la insensatez. La lucha por la existencia sólo es una *excepción*, una restricción temporal de la voluntad de vivir, en todas partes gira la lucha grande y pequeña en torno de la preponderancia, el crecimiento y la expansión, en torno del poder, de acuerdo con la voluntad de poder que es precisamente la voluntad de vida.[3]

Frente a la lucha por la existencia y la autoconservación, Nietzsche opondrá el combate por el acrecentamiento y expansión del poder. En este punto, deberíamos cuestionar la viabilidad de la contraposición entre autoconservación, que en Darwin supone la propagación de ciertos rasgos e individuos por sobre otros, y el aumento del poder.

—MA: ¿Nietzsche leyó a Darwin?

—CA: No, no lee a Darwin sino a Lange, Haeckel, Roux y Rolph.

---

[3] F. Nietzsche, *La ciencia jovial*, Caracas, Monte Ávila, 1999, pp. 212-213.

—MA: ¿Qué textos había en su biblioteca?

—CA: Uno de estos investigadores, Frezzatti, señala que se encontraban en la biblioteca personal de Nietzsche los siguientes textos: Friedrich Albert Lange, *Geschichte des Materialismus* (1866); Oscar Schmidt, *Descendenzlehre und Darwinismus* (1873), Carl Naegeli, *Entstehung und Begriff der Naturhistorischen Art* (1865). También hay que señalar los escritos de E. Haeckel, *Generelle Morphologie* (1866); Wilhelm Roux, *Der Kamft der Theile im Organismus. Ein Beitrag zur Vervollständigung der mechanischen Zweckmäßigkeitslehre* (1881); W. H. Rolph, *Biologishe Probleme zugleich als Versuch zur Entwicklung einer rationalen Ethik* (1882), y P. Ree *Der Ursprung der Moralischen Empfindungen* (1877). Andler , por su parte, considera que Nietzsche tendría conocimiento de *The Descent of Man*. Y según Stiegler se encuentra en la biblioteca personal de Nietzsche un volumen de *The Variations of plants and animal under domestication*.[4]

Es importante recordar que Nietzsche no tiene un acercamiento de primera mano a la obra de Darwin. No se sabe con exactitud cuáles eran los textos que conocía de manera directa sobre el naturalista, salvo su *Biographical Sketch of an Infan*. Sus lecturas sobre el evolucionismo le llegarán mayormente de la mano de Lange –que como veremos será de gran influencia a la hora de leer en clave teleológica a Darwin–, Ernst Haeckel (biólogo alemán que sería uno de los más importantes defensores y divulgadores del darwinismo en Alemania), y de los biólogos W. Roux y W. Rolph.

—MA: ¡Es decir que no leyó directamente a Darwin! En primer lugar, ¿qué significa "lucha" para el darwinismo? El evolucionismo darwinista define la lucha como "relación de fuerzas", como "actividad productiva de vida", como "trabajo", no necesariamente hay "violencia" en la lucha. En la lucha por la vida hay producción de más vida, creación de nuevas formas. Stephen Jay Gould,[5] un paleontólogo ya fallecido pero contemporáneo, dedica uno de sus famosos ensayos a criticar la famosa imagen, proveniente del poema de Tennyson, *In Memoriam* "la naturaleza roja en diente y garra". Esta frase, acu-

---

[4] En este tema, la principal fuente de información han sido los escritos de Virginia Cano. Cfr. V. Cano, Tesis Doctoral, *Vita femina. Para un pensamiento en clave nietzscheana de la vida y la subjetividad*, Doctorado en Filosofía, Facultad de Filosofía y Letras, Universidad de Buenos Aires, 2010. Otros trabajos de la autora consultados son: V. Cano, "Is Evolution Blind? On Nietzsche"s Reception of Darwin" In Lemm, Vanessa (Comp), Nietzsche and the Becoming of Life, New York, Fordham University Press (en prensa); V. Cano "Sobre ciegos y videntes: Nietzsche y Darwin", en *Actas de la Conferencia Internacional: Nietzsche y el devenir de la vida*, Universidad Diego Portales, Chile, 2010 (edición en CD, datos de edición no disponibles).

[5] S. J. Gould, 1995, *Un dinosaurio en un pajar*, Barcelona, Crítica, 1997.

ñada en 1850, nueve años antes de la publicación de *El origen*, fue interpretada como una metáfora del darwinismo. El guepardo corre velozmente porque está cazando a una inocente gacela, que también trata de escapar a gran velocidad. Los ciervos machos luchan entre sí por las hembras, el que gana se reproducirá. Las aves comen insectos y, a su vez los huevos de sus nidos sirven de alimento a otros animales. Esto es una lucha en el sentido literal. Pero también, como explica Darwin, las plantas frutales necesitan de los pájaros para que diseminen sus semillas, entonces "luchan" entre ellas, metafóricamente hablando, de modo de lograr que el fruto propio, que contiene las semillas, sea el más atractivo para las aves. Lucha la orquídea que desarrolla flores que engañan a las abejas, que las confunden con hembras a las que tratan de fecundar y, de este modo sirven de agentes de polinización de esa especie. Luchan las plantas por dejar el fruto más vistoso para que las aves lo coman y transporten sus semillas. ¿Considera Nietzsche que es esto un combate por el poder? Estos mecanismos, según el darwinismo, no tienen intencionalidad. El único poder que encontramos debe entenderse como "capacidad" y es la capacidad de reproducirse. Esto, a su vez, tiene otra consecuencia: los genes propios pasarán a la generación siguiente. En el *Gen egoísta*, Dawkins explica por qué podemos asegurar, según su teoría, que "el huevo nació primero que la gallina."[6] Esto se lo voy a dejar como una incógnita, como una tarea para el hogar. Darwin ha elaborado una teoría que ha conseguido "matar a Dios" antes que Nietzsche. Javier Sampedro, biólogo y divulgador de las ciencias biológicas, lo señala claramente en su obra *Deconstruyendo a Darwin*: "Si quieren loar a la persona que mató a Dios no busquen en el entorno de Nietzsche. Pidan la lista de tripulantes del *H. M. S. Beagle*."[7]

Nietzsche no ha leído directamente la obra de Darwin, según entiendo, la conoce a través de algunos seguidores, por ejemplo de Haeckel (1834-1919). ¡Pero se debe tener cuidado! Si bien este científico fue un darwinista acérrimo, cayó en importantes errores como la teoría de la recapitulación que afirma que la ontogenia reproduce la filogenia. Haeckel pensaba el hombre era la meta última de la evolución; es decir que, en este aspecto, era teleológico. Además, fue partidario de que existen razas humanas "primitivas", idea que se utilizó como justificación científica para las teorías racistas del nazismo.

[6] R. Dawkins, 1976, *El gen egoísta*, Barcelona, Salvat Editores, 1994.

[7] J. Sampedro, *Deconstruyendo a Darwin*. Barcelona, Crítica, 2007, p. 25.

La superioridad de Nietzsche consiste en que él asume el carácter "trágico" de su pensamiento

—**CA**: La superioridad, se paga con la salud, con ser un "intempestivo", con "derribar ídolos", con el aislamiento y la soledad. Se debe renunciar a la "academia".

—**MA**: Mire le voy a contar algo de la soledad de Darwin. La selección natural no es determinista. Como mencioné anteriormente, los organismos se modifican pero las condiciones del ambiente tales como clima, competidores, predadores, también. Por consiguiente, no se puede predecir cómo evolucionarán las especies. Esto hizo prescindible la teoría del diseño previo. ¿Cómo le parece que cayó semejante idea, eje fundamental de una teoría científica, en pleno siglo XIX? Darwin tampoco la pasó bien –si bien es cierto que tenía varios amigos que lo apoyaron, como Charles Lyell, el geólogo, Joseph Hooker, el botánico y explorador, quienes instaron a que publicara sus ideas, y además contó con la aguerrida defensa de Thomas Huxley, su "bulldog".

A partir de la física de Newton, desde el siglo XVII, la creencia era que el universo estaba regido por leyes, es decir, por regularidades que permitían predecir cómo se desarrollaban los fenómenos de la naturaleza: el movimiento de todos los cuerpos, la gravitación, etc. El universo era predecible y la ciencia era capaz de conocer las causas de cualquier fenómeno, ya que tales causas se debían a leyes de la naturaleza perfectamente definidas. ¡Y Darwin viene a introducir el azar! ¡La teoría de Darwin contradice al creacionismo y al fijismo! ¡Y con una teoría que parte de premisas tan simples e indiscutibles! Y, como si esto fuera poco, ¡introduce un proceso aleatorio! Como el que subyace a su teoría. ¡Era lo impensado para la ciencia occidental conocida hasta esa época! Justamente, todo el esfuerzo intelectual estuvo siempre puesto en encontrar la Ley que se oculta tras lo que ocurre en el mundo. Decir "no hay ley, no hay necesidad, ni naturaleza constante detrás de los fenómenos, ni un diseño previo con su diseñador incluido", era un gran escándalo.

El darwinismo social

—**MA**: Nietzsche fue un ideólogo del nazismo. Hitler admiraba a Nietzsche, y Mussolini lo citaba. Nietzsche habló mal de los judíos.

—CA: Esto ni lo voy a defender, en este terreno estamos empatados. Darwin también era un ídolo de los nazis. El tema de la raza superior, la guerra racial, el exterminio de los inferiores. Darwin, intencional o no intencionalmente, les dio una justificación científica.

—MA: Aquí tenemos que hacer una salvedad, caso contrario, nuestro auditorio se llevará una idea equivocada y poco feliz de Darwin. Quizás, el gran problema que encontramos en Darwin es su visión acerca del ser humano, pero debe tenerse en cuenta el momento histórico que vive Darwin, no podemos ser tan ingenuos y anacrónicos de sacarlo de contexto. En 1871, publica *El origen del hombre y la selección en relación al sexo*. Reconozco que algunas ideas expresadas en esta obra son controvertidas desde nuestra óptica. Por ejemplo en la Parte 1, Capítulo V, titulado "Desarrollo de las facultades morales e intelectuales en los tiempos primitivos y en los civilizados", Darwin afirma:

> Entre los salvajes, los individuos de cuerpo o espíritu débil son eliminados prontamente, y los que sobreviven se distinguen ordinariamente por su vigorosa salud. Los hombres civilizados nos esforzamos para detener la marcha de la eliminación; construimos asilos para los idiotas y los enfermos, legislamos la mendicidad, y despliegan nuestros médicos toda su sagacidad para conservar el mayor tiempo posible la vida de cada individuo. Abundan las razones para creer que la vacuna ha preservado a millares de personas que, a causa de la debilidad de su constitución, hubieran sucumbido a los ataques variolosos. Aprovechando tales medios los miembros débiles de las sociedades civilizadas propagan su especie. Todos los que se han ocupado en la reproducción de los animales domésticos, pueden calcular cuán perjudicial debe ser el último hecho a la raza humana. Sorprende el ver de qué modo la falta de cuidados, o tan sólo los cuidados mal dirigidos, pueden arrastrar a una rápida degeneración a una raza doméstica; y, exceptuando en los casos relativos al hombre mismo, nadie es bastante ignorante para permitir que se reproduzcan sus animales más defectuosos.

Estas líneas se pueden malinterpretar, sin duda... Y las que siguen a continuación, con más razón, para que vea que soy honesto a la hora de defender a Darwin. En otros pasajes de esta obra dice:

> De esto resulta que los individuos perezosos, degradados y a menudo viciosos, tienden a aumentar más rápidamente que los que son más prudentes, y ordina-

riamente más razonables. He aquí lo que sobre este particular dice Mr. Greg: "El irlandés, sucio, inepto, poco ambicioso, se multiplica como el conejo; el escocés, frugal, previsor, respetuoso consigo mismo y noblemente ambicioso, de una moralidad rígida, espiritualista en su fe, sagaz e inteligente, pasa sus más bellos años luchando con el celibato, se casa tarde y deja pocos descendientes." Suponiendo que un país primitivo estuviese poblado de mil sajones y mil celtas, al cabo de doce generaciones, los cinco sextos de la población serían celtas, pero los cinco sextos del aseo, del poder y de la inteligencia pertenecerían a la sexta parte de la población que hubiese quedado sajona. En la eterna lucha por la existencia, la raza inferior y la menos favorecida sería la que hubiera prevalecido y no a causa de sus buenas cualidades, sino de sus defectos.

Lamentablemente, el darwinismo social pretende aplicar la teoría de la evolución por selección natural a la sociedad humana, y defiende la eugenesia para la mejora de la especie humana. La eugenesia ha tenido partidarios de renombre como Francis Galton, primo de Darwin, a quien Darwin cita en su obra sobre el origen del hombre. El darwinismo social fue propuesto por Herbert Spencer, a partir de su interpretación de la obra de Darwin, que luego derivó en su utilización con fines políticos. El darwinismo social plantea que deben seleccionarse aquellos que aseguren la supervivencia y el mejoramiento de la raza. Sin embargo, no hay acuerdo en la posición del propio Darwin acerca de que los principios de la lucha por la supervivencia y selección natural justificaran las políticas sociales humanas. Por tanto, en este sentido, creo que es importante no extraer sus opiniones, las de Darwin, del contexto del libro. Por ejemplo, en Capítulo XXI, "Resumen general y conclusión", Darwin dice:

Muchas de las ideas expuestas tienen marcado sabor especulativo, y de algunas, ciertamente, se probará que son erróneas: no obstante, siempre me esforcé en presentar las razones que me impulsaban a una opinión más que a otras [...]. Debemos, sin embargo, reconocer que el hombre, según me parece, con todas sus nobles cualidades, con la simpatía que siente por los más degradados de sus semejantes, con la benevolencia que hace extensiva, no ya a los otros hombres, sino hasta a las criaturas inferiores, con su inteligencia semejante a la de Dios, con cuyo auxilio ha penetrado los movimientos y constitución del sistema solar –con todas estas exaltadas facultades– lleva en su hechura corpórea el sello indeleble de su ínfimo origen.

¿"Inutilidad" del pensamiento de Nietzsche y "utilidad" de la biología evolucionista

—MA: Por otra parte, la teoría de la evolución darwiniana ha propuesto una explicación racional de cómo la vida, una vez originada, ha logrado adaptarse maravillosamente a las condiciones de nuestro planeta. Ha dado también una respuesta racional, a nuestro propio origen, sin recurrir a lo sobrenatural, ¡quizás haya producido el punto de inflexión más importante en el pensamiento de la humanidad! Dawkins, en su famoso libro *El gen egoísta* (1976), menciona esta cita de George Gaylord Simpson, un reconocido biólogo: "Deseo insistir ahora en que todos los intentos efectuados para responder a este interrogante antes de 1859 carecen de valor, y en que asumiremos una posición más correcta si ignoramos dichas respuestas por completo."[8]

Y hay algo más... El darwinismo ha tenido sus detractores, podemos discutir las interpretaciones no deseadas, diría más bien nefastas en todo sentido, que derivaron de *El origen* y, sobre todo, de *El origen del hombre*, y si Darwin fue responsable o no y si compartió o no alguna de ellas. Pero es indudable que la biología cambió definitivamente a partir de Darwin. La disciplina y sus implicancias en el estudio de la vida cobraron sentido, y tanto desde la genética a la genómica, le dan la razón a Mr. Darwin. A tal punto, que hoy se acepta que no hay razas humanas, y sí, en cambio, un parentesco genético tan estrecho que hace insignificantes a las pocas diferencias visibles que podamos encontrar entre dos seres humanos cualesquiera. Es más, en otro orden, podemos comprender por qué muchas bacterias resisten a los antibióticos y las cucarachas a los insecticidas, por citar algunos ejemplos; y, por consiguiente, sabemos cómo actuar para salvar vidas, incluso las más "débiles" según esas teorías siniestras que comentamos anteriormente.

Dígame, Ud., –y le ruego que disculpe la pregunta, que no pretende ser despectiva y arrogante– ¿cuál ha sido el aporte de Nietzsche a la humanidad?

—CA: Le contesto con una frase del Zarathustra, "las palabras más silenciosas son las que traen la tempestad", los pensamientos transformadores caminan con "pies de paloma". Pero hablemos de otra cosa, hablemos ahora de los monstruos (variaciones discontinuas) que al parecer no tienen lugar en la Biología. Los centauros no se reproducen según la teoría de la evolución de Darwin.

---

[8] R. Dawkins, Op.cit.,,p. 1.

Lo que se preserva son las diferencias mínimas que se enderezan a "progresar hacia la perfección". Un camino lento, la subida del monte improbable,[9] que intenta capturar a la vida bajo el *corset* de una monótona explicación.

—MA: Nietzsche, en este caso, se quedó con la versión original de la teoría. Pero ha corrido mucha agua bajo el puente. Como le expliqué antes, la genética, la biología de poblaciones, la biología molecular, la genómica y la biología del desarrollo, con su maravillosa síntesis *evo-devo*, una disciplina en la que se conjugan la evolución y el desarrollo embrionario, han efectuado importantes aportes a la teoría darwinista.

Ahora bien, dígame, ya que parece que Ud. critica ese camino lento y monótono de la evolución: ¿nunca se preguntó por las imperfecciones del registro fósil? Dicho de otro modo, ¿por qué faltan intermediarios? –Esta observación ya era conocida cuando Nietzsche se dedicaba a criticar a Darwin.– ¿No se preguntó si no habría una alternativa al gradualismo monótono –según afirma Nietzsche– de Lyell y de Darwin? Para su información, Niles Eldredge y Stephen Jay Gould propusieron una variante. Sin menoscabar al darwinismo, estos autores, en 1972, plantearon la Teoría Evolutiva de los Equilibrios Puntuados.[10] Así, durante la mayor parte del tiempo de existencia de una especie, ésta permanecería estable o con cambios menores, que ellos llaman periodos de estasis, y estos períodos serían seguidos de otros en los que se produce el cambio evolutivo que lleva a la especiación. Si bien el cambio evolutivo seguiría siendo gradual, su ritmo no sería uniforme.

Por otra parte, ¿por qué considera Nietzsche que la vida evoluciona hacia la perfección? La vida usa los recursos de que dispone. "La naturaleza es una magnífica chapucera, no un divino artífice": así cita Stephen Jay Gould al biólogo François Jacob, en su famoso *Pulgar del Panda.*[11]

Pero aún me queda algo más para decirle de Nietzsche, en relación a su alusión a que la evolución intenta capturar la vida bajo el *corset* de una monótona explicación, en la que los centauros no se reproducen.

En 1940, el genetista alemán Richard Goldschmidt propuso que la macroevolución (para taxones superiores a especie) podría producirse por un

---

[9] Cfr. R. Dawkins, 1996, *Escalando el monte improbable*, Barcelona, Tusquets, 1998.

[10] N. Eldredge, S. J. Gould, "Punctuated equilibria: an alternative to phyletic gradualism", en Schopf, Th. J. M. (Ed.) *Models in paleobiology*, San Francisco, Freeman Cooper and Co., 1972, pp. 82-115.

[11] S. J. Gould, *El pulgar del Panda*, Barcelona, Crítica, 1985.

evento saltacional.[12] Según Goldschmidt, un organismo podría presentar una mutación en algún gen que controle el desarrollo, y que, si bien es muy probable que sea un monstruo y no sobreviva, si lo hiciera, tal monstruo sería un organismo mutante con un fenotipo extremadamente diferente al de sus progenitores. De este modo, daría lugar a un nuevo linaje evolutivo. Esta idea no rechaza los cambios pequeños y graduales, que explican satisfactoriamente los cambios microevolutivos, sino que añade un nuevo evento para explicar los macroevolutivos, que conduce a una modificación del patrón general del nuevo grupo, que luego seguirá evolucionado por cambios graduales, propios de la microevolución. Es cierto que ésta idea fue rechazada por toda la pléyade de neodarwinistas. No obstante, las mutaciones en los genes "maestros" que regulan los grandes aspectos del desarrollo podrían sustentar la idea –de hecho, hace ya décadas que los biólogos han generado, por ejemplo, moscas con patas en la cabeza. Hoy en día esta hipótesis sigue siendo muy controvertida para los biólogos, aunque no se niega la importancia de las mutaciones en los genes que regulan el desarrollo en la aparición de innovaciones clave.[13]

Ahora vuelvo a Malthus, dado que le prometí retomar el tema. Para este autor,[14] los recursos son escasos, la abundancia de la vida, presente en sus diferentes formas, constituye un verdadero derroche de producción.

En síntesis, la comida no alcanza para todos, como lo demuestran las pirámides de energía que se usan en ecología. El problema está en la termodinámica, no en Darwin. En todo caso, el problema es de los físicos. La energía no se crea ni se destruye, se transforma pero cada vez que lo hace una parte contribuye a aumentar la entropía del entorno, o sea que la energía útil, la que podemos aprovechar para realizar trabajo, decrece.

Sin embargo, la lucha "darwiniana" no necesariamente es el enfrentamiento a muerte, sino la habilidad por conseguir sobrevivir y dejar descendencia. Las poblaciones naturales siempre presentan estas características. ¿Podemos aplicar esto a las poblaciones humanas? Quizás esto nos llevaría a tentarnos nuevamente con darwinismo social.

---

[12] S. J. Gould, 2002, *La estructura de la Teoría de la Evolución*, Barcelona, Tusquets, 2004.

[13] G. Theissen, Saltational evolution: hopeful monsters are here to stay. *Theory Biosci*. 128(1):43-51, 2009, doi: 10.1007/s12064-009-0058-z.

[14] T. R. Malthus, *Ensayo sobre el principio de la población*, Buenos Aires, Claridad, 2007.

—**CA**: Vamos a ir terminando, sino nos van a echar de este lugar. Hay algo que la Biología no puede explicar y es que la vida es un enigma. Enigma de una voluntad de poder que se supera a sí misma y escapa a toda reducción teleo-mecánica. Dígame, ¿qué es para Darwin la Vida?

—**MA**: no creo que Nietzsche pueda pensar que Darwin era teleológico. La selección natural es ciega y, además, indiferente. La vida no puede predecir el futuro; por tanto, como ya expliqué, apuesta a la abundancia y a la diversidad: cuantas más formas diversas se generen, más posibilidad habrá de encontrar, al menos, alguna que sobreviva. Pero ni la vida ni la selección natural tienen intencionalidad. Y menos aún son teleológicas, no tienen finalidad, solamente ocurren y tienen consecuencias. Causa y efecto, pero sin intencionalidad, sin teleología. En todo caso, podemos hablar como menciona Mayr de actividades: a) teleomáticas, que resultan en un estado final sin que sea relevante que las entidades implicadas sean vivas o formen parte de un proyecto –las mutaciones y la evolución son ejemplos; b) teleonómicas, cuyo estado final resulta de la estructura de las entidades implicadas, son consecuencia de la ejecución de un programa no intencional, cifrado en el material genético –la ontogénesis es un proceso teleonómico; c) teleológicas, fruto del comportamiento consciente; d) adaptación, que resulta un resultado a posteriori, más que una búsqueda de objetivos a priori, por tanto, tampoco es un proceso teleológico; e) teleología cósmica basada en la existencia de un gran diseñador, o de un poder intrínseco, y en la tendencia del mundo hacia un progreso o perfección. Actualmente, está absolutamente descartada.[15]

Por otra parte, el mecanicismo, que probablemente fuera aceptado y, por muchos que se admiraban del funcionamiento como máquina del cuerpo, ha cedido su lugar al organicismo; la vida no puede comprenderse ni explicarse como el simple funcionamiento de una máquina. Surge la necesidad de analizar la condición vital a la luz de las propiedades emergentes de cada nivel de organización de la materia viva.[16] ¿Qué es la vida, preguntaba Ud? Le responderé con dos conceptos, uno propio de Mr Darwin, la lucha, y otro propio de la termodinámica, la entropía. La vida es la lucha permanente contra la entropía y la muerte es la victoria inexorable de la entropía. La vida gana la batalla, todos los días, pero la muerte gana la guerra.

---

[15] Mayr, E., *Por qué es única la Biología. Consideraciones sobre la autonomía de una disciplina científica,* Buenos Aires, Katz, 2006.

[16] E. Mayr, *Así es la Biología,* Madrid, Debate, 1995.

Luego de la parodia

Para cerrar este diálogo, ríspido en muchos tramos, entre un biólogo darwiniano y una lectora de Nietzsche digamos que, como en toda parodia, hay una impostura, una simulación que apunta a destacar el enfrentamiento entre seguidores de figuras geniales que se sienten en la obligación de mantener, extemporáneamente, los enfrentamientos producidos, la mayoría de las veces, por el desconocimiento y la estigmatización de las teorías rivales. En este caso, enfrentamos a dos figuras de culto e íconos de nuestro tiempo. En la imagen popular, ambos fueron estigmatizados y asociados a lo peor y a lo mejor de los acontecimientos del siglo XX, sobre todo, los ligados a la colonización, el racismo y sus graves secuelas de guerras, campos de concentración y genocidios. Como la otra cara de la misma moneda, también fueron el estímulo para grandes revoluciones intelectuales en el campo de la ciencia y de la filosofía.

En esta presentación Nietzsche acusa a Darwin y Darwin se defiende. Darwin se escandaliza de la acusación y también sube la apuesta en su defensa. Como sabemos, no hay mejor defensa que un buen ataque y en esta participación Nietzsche no contesta. En la pregunta "¿cuál es su aporte a la Humanidad?" se vislumbra la rivalidad entre ciencia y filosofía y la anticipación de la idea de que la ciencia es un aporte superior a la Humanidad al de la filosofía. Los ataques cientificistas más ramplones se ensañan y resaltan que Nietzsche terminó loco y que sus ideas no fueron consideradas "científicas"; así como imputan que les escribió el libreto a los fascismos y totalitarismos de la primera mitad del siglo XX. Esto es cierto, pero puesto en el contexto de que su obra, luego de muerto, fue apropiada por su hermana Elisabeth, una fanática del nazismo a quien, en compensación por su "aporte" a la causa, Hitler le instaló en Weimar un Archivo para la conservación y promoción del pensamiento nietzscheano, por supuesto en clave racista y antisemita. Por el lado del darwinismo, es cierto también que la Teoría de la Evolución fue interpretada en clave sociobiológica y que este discurso, como señala Michel Foucault en varios escritos, fue la máscara, el ropaje con el que se justificaron "científicamente" las peores aberraciones de las que fueron víctimas (y lo siguen siendo) millones de personas en lo que va de estos últimos 150 años. También es un dato histórico el paso del Beagle por las costas de nuestras islas Malvinas en 1832, un año antes de que se produjera el desembarco de tropas británicas dando comienzo a una ocupación que persiste hasta nuestros días.

Tal ocupación fue posible gracias a la alianza *saber-poder*, puesto que los tripulantes del Beagle, además de que uno de ellos "matara a Dios" como propone Javier Sampedro,[17] llevaron a bordo aborígenes, junto a especímenes animales y vegetales, y proporcionaron la información topográfica necesaria, luego instrumentada para la expansión imperialista en todo el planeta, especialmente en los territorios coloniales.

Son muchas las cosas que quedaron sin decir, así como también es destacable la generosidad del espacio que se nos dio para esta conversación, un espacio de homenaje al pensamiento de Nietzsche donde quedó pendiente un mejor "ajuste de cuentas" entre estos dos genios que por ser absolutamente contemporáneos no pudieron dialogar entre ellos. Hoy, quienes somos lectores atentos de sus obras, y los tenemos ya incorporados a nuestras propias ideas, podemos apreciarlos en sus grandezas y debilidades; y, sobre todo, en sus coincidencias por aportar una idea distinta de la Vida donde además de creaturas podamos ser creadores.

---

[17] J. Sampedro, op. cit., p. 25.

Herrerías, metáforas y epistemologías en Bachelard y Nietzsche

Alejandra Gabriele[1]

Introducción: herrerías, metáforas y epistemologías

Este trabajo –con algunas variaciones propias del formato artículo– pretendió ser una ponencia en un congreso de Epistemología y Metodología cuyo tema se anunció como "Nietzsche y la ciencia". El plan inicial y que circuló como resumen de la exposición decía lo siguiente:

Las selecciones de textos de Nietzsche y Bachelard que aquí abordamos, serán trabajadas como herramientas epistemológicas y metodológicas para la problematización de ciertas prácticas de investigación científica en las academias que han llegado a solidificarse hasta constituirse en rígidos *cimientos* a partir de los cuales se erigen principios y métodos para la producción de conocimientos científicos. Estructuras aparentemente inmóviles que ocultan su origen dinámico y han olvidado su fuerza creadora. Ante esta situación que nos inquieta, tanto Nietzsche como Bachelard recurren a metáforas y prácticas que no sólo nos interpelan sino que nos permiten seguir ampliando las dimensiones epistemológicas para tomar nuevos caminos metodológicos. Nuestros puntos pivotantes serán: el filosofar a martillazos nietzscheano y el lirismo dinámico herrero bachelardiano en esa poderosa tensión en la que se juegan las fuerzas destructivas y creadoras.

Hasta aquí la propuesta inicial de un trabajo para compartir en un evento académico, pero en el transcurso de su desarrollo se fue transformando en una experiencia desconcertante. Ensayaré entonces exponer ese plan inicial, luego mostrar el desconcierto y sus consecuencias epistemológicas.

---

[1] Universidad Nacional de Cuyo. (Argentina).

Posicionamiento epistemológico: discontinuidad, ruptura e imaginación

Las conexiones entre las metáforas herreras de Bachelard y de Nietzsche pueden ser pensadas desde inquietudes epistemológicas y metodológicas vinculadas a la necesidad de seguir ampliando la capacidad de análisis crítico acerca del fenómeno de producción de conocimientos científicos. En este caso, la dirección de las ampliaciones se dirige a los territorios de la imaginación creadora y la praxis epistemológica a través de la irrupción nietzscheana, teniendo como hilo conductor –al menos en principio– la epistemología y poética bachelardiana.

Hay una referencia frecuente respecto de la epistemología de Bachelard y es su imposibilidad de ser definida en una doctrina sistemática y unívoca. Justamente esa imposibilidad de identificación canónica y de cierre doctrinal es lo que permite que la obra de Bachelard se convierta en una interpelación constante que moviliza nuestros supuestos teóricos y metodológicos generando condiciones para la producción de nuevos conocimientos. El carácter distintivo de esta epistemología es el perpetuo *recomienzo* y esencial estado de inacabado. Se trata de una epistemología histórica cuyo tarea da lugar a una ciencia que no deja de romper con su pasado, liberándose de todo aquello que pueda producir inmovilidad.

Para lograr ese estado epistemológico de perpetuo recomienzo, Bachelard va a trabajar en dos dimensiones o dos epistemologías. Una que supone al "otro" como constituyente de una intersubjetividad que pretende ampliar la dimensión objetiva del conocimiento. Esta instancia intersubjetiva, que no es otra que la pedagógica, valora de la misma manera la transmisión del saber cómo el saber en sí mismo. La otra dimensión de su epistemología es la que se organiza a partir de un autoanálisis del conocimiento objetivo. Se trata de la "vigilancia intelectual de sí" que sólo es posible a partir de la figura de un Super Yo que, a diferencia del freudiano, ligado a la neurosis, a la culpabilidad y a la censura, es capaz de un control que fortalece la producción de conocimientos dinamizando la actividad racional. Entre estas dos epistemologías se supera tanto la lineal y unidireccional relación sujeto-objeto, como su pretensión de un conocimiento plenamente objetivo.

Al mismo tiempo, al dialectizar la relación entre la organización racional del conocimiento y la experimentación objetiva, creando el racionalismo aplicado, deja atrás toda pretensión de formalismo, rechazando todo racionalismo a priori y reivindicando ese nuevo territorio inaugurado por Bachelard, que son los regionalismos epistemológicos. Sus preocupaciones por estos movimientos en el conocimiento científico, sobre todo en el de su época, está presente en la gran cantidad de pruebas que aporta acerca de fenómenos de *transracionalidad* como es la vinculación entre ciencia y técnica.

Otra preocupación de su epistemología es la de hacer *sensible* la historia de las ciencias. La historia que relata una sucesión de hechos encadenados linealmente, genera la ilusión de un conocimiento pleno de un pasado inmutable. Su recurrencia a la *sensibilidad* permite pensar entonces que desde una visión continuista se *insensibiliza* la mirada de la producción científica, fundada en un origen que puede reconstruirse en tanto supone una sucesión de acontecimientos que pueden ser remontados linealmente hasta el origen.[2]

A Bachelard le inquieta, tanto como a Nietzsche, la *insensibilidad* que supone el interés por simplemente "leer y releer generalidades" que se naturalizan hasta convertirse en verdades. Verdades que no son otra cosa que:

> Un vivaz ejército de metáforas, metonimias, antropomorfismos; brevemente dicho, una suma de relaciones humanas que fueron realizadas de modo poético y retórico, transmitidas, adornadas, y que, después de un largo uso, a un pueblo le parecen definitivas, canónicas y obligatorias; las verdades son ilusiones con respecto a las cuales se ha olvidado que son metáforas; metáforas que paulatinamente han ido desgastándose y perdiendo su fuerza sensible.[3]

Nietzsche advierte que la capacidad de borrar el origen metafórico de los esquemas conceptuales, ordenados según criterios de privilegios y subordinaciones, termina por construir un mundo contrario al intuitivo de las impresiones primeras, que se erige como el único mundo verdadero, universal, conocido, incluso humano, y como tal, regulador e imperativo.[4] Este mundo

---

[2] Esta preocupación de Bachelard por sensibilizar la mirada epistemológica y su crítica a quienes reproducen generalidades, ha sido trabajada en otro artículo titulado "Cómo hacer *sensible* una historia de las ciencias desde una lógica de la sensación: conexiones entre Bachelard y Deleuze en las ciencias sociales en Argentina." En: E. Díaz, *Gilles Deleuze y la ciencia: modulaciones epistemológicas II*, Biblos, 2014, pp. 75-81.

[3] F. Nietzsche. "Sobre verdad y mentira en sentido extramoral", en *Discurso y Realidad*, Vol. II, San Miguel de Tucumán, 1987, pp.75-76.

[4] Cfr. F. Ibíd., p. 76.

verdadero dejó en el olvido la dimensión estética de toda construcción humana. Si bien lo que distingue al hombre es la capacidad de crear un mundo que se rige por sus propias leyes, de acuerdo a un orden construido de esquematizaciones, conceptualizaciones, delimitaciones, jerarquizaciones, también es propio del hombre ese fondo intuitivo al que sólo se accede desgarrando la aparentemente sólida estructura que ha edificado el hombre racional:[5]

> Sólo olvidándose el hombre de que es un sujeto y un sujeto *artísticamente creador*, es que vive con cierta tranquilidad, seguridad y consecuencia; si tan sólo por un instante pudiera abandonar los muros de esta creencia que lo aprisiona, de inmediato se terminaría con su "autoconciencia".[6]

Volviendo a la crítica que Bachelard dirige a aquellos que producen generalidades, podríamos decir, parafraseando a Nietzsche, que sólo olvidándose el hombre que es un sujeto *artísticamente creador*, puede producir una ciencia y su historia continua, estable, cándida; si tan sólo por un instante pudiera abandonar los muros de esta creencia que lo aprisiona, de inmediato terminaría con las causas de estancamiento. Una de las claves para liberar la investigación de las creencias que la aprisionan está en la imaginación. Es en ese momento de su obra en la que Bachelard desarrolla su tesis sobre el carácter primitivo y psíquicamente fundamental de la imaginación creadora:

> [...] la imagen percibida y la imagen creada son dos instancias psíquicas muy diferentes y se necesitaría un término muy especial para designar *a la imagen imaginada*. Todo lo que se dice en los manuales sobre la imaginación reproductora debe atribuirse a la percepción y a la memoria. La imaginación creadora tiene funciones muy distintas de las de la imaginación reproductora. A ella pertenece esa *función de lo irreal* que psíquicamente es tan útil como *la función de lo real* evocada con tanta frecuencia por los psicólogos para caracterizar la adaptación de un espíritu a una realidad marcada por los valores sociales.[7]

---

[5] Estos tópicos han sido trabajados en el artículo "Epistemología retórica y deconstrucción de lo humano", en E.Díaz, *El poder y la vida. Modulaciones epistemológicas.* Buenos Aires, Editorial Biblos, 2012, pp. 101-108. Estas recurrencias se entienden aquí no como repeticiones sino como evidencias de una circulación rizomática en las preocupaciones epistemológicas y metodológicas que hacen posible este ensayo.

[6] F. Nietzsche, op. cit., p. 78.

[7] G. Bachelard, *La tierra y los ensueños de la voluntad.* México, Fondo de Cultura Económica, 2011, pp. 9-10.

La imaginación, en tanto supone apertura y creatividad, profundiza la discontinuidad y provoca la ruptura. En *El aire y los sueños,* Bachelard define a la imaginación como la facultad de deformar las imágenes suministradas por la percepción, de liberarnos de las imágenes primeras y de cambiar las imágenes. El vocablo apropiado para referirnos a esta facultad no es imagen, sino imaginario. Se trata de la experiencia misma de apertura y de novedad que se da dentro del psiquismo humano, lo que nos constituye como propiamente humanos.

> Gracias a lo *imaginario*, la imaginación es esencialmente *abierta, evasiva*. Es dentro del psiquismo humano la experiencia misma de la apertura, la experiencia misma de su novedad. Específica, más que cualquier otra potencia, el psiquismo humano.[8]

De esta manera Bachelard se propone seguir esa experiencia de apertura y novedad y lo hace en sus obras poéticas al realizar un psicoanálisis del conocimiento objetivo, atendiendo a la dimensión de la ensoñación. Se trata de una "serie de estudios medianeros, entre el sujeto y objeto",[9] de transitar las fronteras "entre la precisión inherente al carácter científico y la sensibilidad estética que alienta (consciente o inconscientemente) los emprendimientos humanos".[10] Fronteras que no están para delimitar el conocimiento y determinar géneros específicos del saber, sino para traspasarlas. Es un límite que al mismo tiempo posibilita superarlo, abrir otros espacios, transitar otros espacios buscando eliminar los límites.[11]

A diferencia del psicoanálisis clásico que estudia los sueños, Bachelard se propone limitar el psicoanálisis a "una capa psíquica menos profunda, más intelectualizada".[12] Por lo tanto, no se ocupará de los sueños, sino de las fantasías entendidas como "en extremo diferente del sueño a causa de que ella está siempre más o menos centrada en un objeto [...] La fantasía trabaja como una estrella. Se dirige a su centro para

---

8 G. Bachelard, *El aire y los sueños.* México, Fondo de Cultura Económica, 2006, p. 9.

9 G. Bachelard, *Psicoanálisis del fuego.* Buenos Aires, Schapire Editor, 1973, p.178.

10 E. Díaz. "Las imprecisas fronteras entre vida y conocimiento", en *Perspectivas Metodológicas,* N°5, Remedios de Escalada, UNLa, 2005. Disponible en: http://estherdiaz.com.ar/textos/Bachelard,htm.

11 Cfr., ibíd.

12 G. Bachelard, op. cit., 1973, p. 34.

lanzar, desde allí, nuevos rayos".[13] Se trata de buscar "siempre lo inconsciente por debajo de lo consciente, el valor subjetivo por debajo de la evidencia objetiva, la fantasía bajo la experiencia. En primer lugar, sólo puede estudiarse aquello que se ha soñado. La ciencia se forma, más bien, sobre una fantasía que sobre una experiencia, siendo necesarias las experiencias para borrar las brumas del sueño".[14] Entonces, preguntar por las condiciones psicológicas que produjeron determinado conocimiento, consistiría en preguntar "cómo fueron impulsados a imaginar dicho procedimiento".[15]

El objeto, o la finalidad, de un psicoanálisis del conocimiento objetivo es separar los valores de los hechos, destruyendo las ambigüedades y dando lugar a una dinámica dialéctica que permite la liberación del psiquismo creador: "Cuando la imaginación haya "precipitado" los elementos materialistas irrazonados, habrá más libertad para la construcción de nuevas expresiones científicas".[16]

Herrerías y metáforas

Hasta este momento del desarrollo argumentativo, he venido transitando dulcemente y con entusiasmo las posibilidades de aperturas que presentan las obras poéticas y epistemológicas de Bachelard, y también hasta este momento parece que el encuentro con Nietzsche podía seguir la misma cadencia. Pero una ruptura imprevista cambia el ritmo. Se trata de "El lirismo dinámico del herrero", capítulo VI de *La tierra y los ensue*ños de la voluntad. Allí encuentro una cita a partir de la cual comenzaron a aparecer otros modos de conectar a Bachelard con Nietzsche: "La mayor conquista moral que el hombre haya logrado jamás es el martillo obrero, la violencia que destruye se transforma en fuerza creadora",[17] y continua: "La masa y el martillo forman un doblete del mal y del bien".[18] Casi instantáneamente se produjo la conexión con la acción que supone el filosofar con el martillo nietzscheano.

---

[13] Ibíd.

[14] Ibíd., p. 46.

[15] Ibíd.

[16] Ibíd., p. 185.

[17] G. Bachelard, *La tierra y los ensueños de la voluntad*. México, Fondo de Cultura Económica, 1994, p. 152.

[18] Ibíd.

Pero traer la presencia de Nietzsche significó, en términos de Bachelard, una "explosión del lenguaje" en analogía con la explosión química que ocurre cuando la posibilidad de ramificación es mayor que la posibilidad de terminación.[19] Bachelard se está refiriendo a ciertas zonas de la literatura que "en la fogosidad y en el brillo de las imágenes literarias se multiplican las ramificaciones; las palabras ya no son simples términos. No terminan pensamientos; tienen el porvenir de la imagen. La poesía hace que se ramifique el sentido de la palabra rodeándola de un atmósfera de imágenes."[20]

En la fogosidad y en el brillo de las –que podríamos denominar– imágenes epistemológicas nietzscheanas se multiplican las ramificaciones de sentidos pulverizando términos y generando una atmósfera no ya de términos ni de imágenes, sino de experiencias epistemológicas. Claramente se diluyeron las posibilidades de terminación, de cierre conceptual y argumentativo, no pudiendo continuar con el criterio de orden que se vino desplegando hasta este momento de la escritura de este trabajo.

Irrumpió primero una imagen, la del martillo, imponiéndose como forma del trabajo y como materialidad epistemológica. Este instrumento, herramienta de herreros, se vuelve también herramienta para proceder a la remoción crítica de aquello que se ha solidificado. El mango del martillo está conformado por los supuestos epistemológicos críticos expresados más arriba y comprometidos con el ejercicio bachelardeano de dinamizar la producción de conocimientos, la noción de metáfora nietzscheana como reconocimiento del carácter mutante y sensible de todo lenguaje constructor de conocimientos, y la imagen del martillo como lirismo herrero que desde los territorios de la imaginación producen aperturas epistemológicas. La cabeza del martillo está provista de dos frentes dispuestos para el acto de golpear a los que vamos a denominar respectivamente lado B (Bachelard) y lado N (Nietzsche). A esta imagen de un martillo con tal particularidad le sigue la acción de martillar, que supone poner el cuerpo en movimiento a través de su extensión en el martillo: "La piedra con mango no hizo sino continuar la violencia del brazo, la piedra con mango es un puño al final de un antebrazo."[21] Así, de manera alternada, con una y otra cara (B-N), se procede

---

19 Cfr. Ibíd., p. 13.

20 Ibíd.

21 Op. cit., p.152.

a martillar, acción que no es unívoca ni unidireccional, sino que tiene distintas funciones que pueden ir desde romper en el instante del golpe el tiempo voluminoso del tedio y la duración,[22] a inquirir con pequeños golpes aquello que ha naturalizado el mutismo:

> Hacer aquí alguna vez preguntas con el *martillo* y oír acaso, como respuesta, aquel famoso sonido a hueco que habla de entrañas llenas de aire –qué delicia para quien tiene todavía orejas por detrás de las orejas– para mí, viejo psicólogo y cazador de ratas, ante el cual *tiene que dejar oír su sonido* cabalmente aquello que querría permanecer en silencio.[23]

Esa materia a martillar, en cualquiera de sus sentidos, bien podría ser la masa o la idiosincrasia de los filósofos: "su falta de sentido histórico, su odio a la noción misma de devenir, su egipticismo."[24] Podríamos decir que también se trata de la idiosincrasia de los epistemólogos cuando sostienen una epistemología construida sobre principios formales, independientemente de las condiciones históricas que los hicieron posibles. Principios que se enuncian con solemnidad, tomando la forma del *método científico* al que podríamos comparar con una momia procedimental de la misma manera en que Nietzsche se refiere a las momias conceptuales con las que trabajan los filósofos.

Al poner en acción esta alternancia de martillazos, unas cuantas bases aparentemente sólidas comenzaron a resquebrajarse. Y sorpresivamente, la primera grieta se produjo en la escritura –y en la vivencia– de este trabajo, dirigiéndonos vertiginosamente a la dimensión que Bachelard denomina de "vigilancia epistemológica", esto es, la revisión crítica de nuestra propia racionalidad, de nuestros métodos y de los criterios que los sostienen. ¿Cómo continuar? No podremos seguir con la linealidad de un concepto tras otro y una línea a continuación de la otra. Mucho menos podremos dar cuenta del orden previsto en el plan inicial de este trabajo. Intentaremos entonces un orden del texto que nos permita seguir la dinámica del martillo, la de golpear alternativamente una masa que nos inquieta y que nos invita a removerla, subvertirla y tal vez, destruirla.

---

[22] Cfr., op. cit., p. 160.

[23] F. Nietzsche, *Crepúsculo de los ídolos.* Madrid, Alianza Editorial, 1998, p. 32.

[24] Op. cit., p. 51.

La masa a martillar está definida por una multiplicidad de aspectos, pero para comenzar nuestra experiencia identificaremos algunos tales como objetividad, continuidad del saber, filosofía como generalidad, duración. Lo histórico, el devenir, la diferencia, son producidos por la sensibilidad. Por eso estas construcciones epistemológicas desatan una guerra contra la sensibilidad, esta se convierte en un amenaza contra la estabilidad de las estructuras formales que garantizan la continuidad del conocimiento científico. Continuidad que se fortalece en la acción de seguir corroborando lo ya sabido, vuelto inmutable, a través de una deducción constante que burocratiza la empresa científica convirtiéndola en una empresa kafkiana, enferma y viciosa.

Dejamos lugar entonces a la materialidad del martillo, ensayando el acto de martillar como prueba de las posibilidades que pueden librarse: "Con el martillo nace *un arte del choque*, toda *una habilidad de las fuerzas rápidas*, una conciencia de la voluntad exacta. Segura de su útil poder, la fuerza del herrero es gozosa."[25]

Tras los golpes alternativos de uno y otro lado del martillo, con diferentes intensidades y diferentes ritmos, fueron escapando trozos de tamaños varios, entre ellos esquirlas. Como dirigimos la acción de martillar especialmente a esa masa conformada de las dimensiones que hacen a cierta producción del conocimiento científico y académico, vamos a denominar a esos pequeños restos de aquella masa pretendidamente sólida, homogénea y continua, *esquirlas epistemológicas.* Se trata de partículas que responden a la lógica de la vida y como tales se escabullen, escapan, se escurren, se fugan de toda pretensión de definición, delimitación, axiomática, de criterios de continuidad, de regularidades.

En los territorios epistemológicos y metodológicos podemos ver claramente —también padecer— cómo se desarrollan y se fortalecen posiciones teóricas y prácticas que fijan regularidades, principios, criterios de ordenamiento, fundamentos lógico-epistemológicos para métodos estandarizados. Pero al mismo tiempo también podemos, si estamos dispuestos a ciertos riesgos, no sólo ver sino experimentar posibilidades epistemológicas que se expanden en direcciones insospechadas, desterritorializándose, a martillazos cada vez que se territorializan supuestos epistemológicos y prácticas metodológicas. Epistemológicas esquirlas que no vuelven a ser la masa original que destruyeron

---

[25] G. Bachelard, op. cit., 1994, p. 153. Ver cuadro al final del texto en el que ensayamos a modo de muestra la acción de martillar.

los martillazos, sino que incluso tienen la capacidad de constituirse en nuevos martillos, destructores y creadores de órdenes múltiples, ramificados, rizomáticos. Epistemologías alternativas, de la diferencia, retóricas, dinámicas, históricas, fractales, en fuga, vitales.

Me propuse a través de las metáforas herreras de Bachelard y Nietzsche –según versa la introducción– "problematizar ciertas prácticas de investigación científica en las academias que han llegado a solidificarse hasta constituirse en rígidos *cimientos* a partir de los cuales se erigen principios y métodos para la producción de conocimientos científicos... etc., etc., etc.", pero aconteció otra cosa, los martillazos de Bachelard combinados con los de Nietzsche tomaron otras direcciones socavando, triturando mis propios criterios de orden, tan firmemente construidos de congreso en congreso, de publicación en publicación, para escribir un texto académico. Es por esto que este trabajo, finalmente, no es un artículo sobre Bachelard y Nietzsche, es una experiencia de herrero en la que, lo que descuidadamente consideramos metáforas irrumpió con su fuerza sensible.

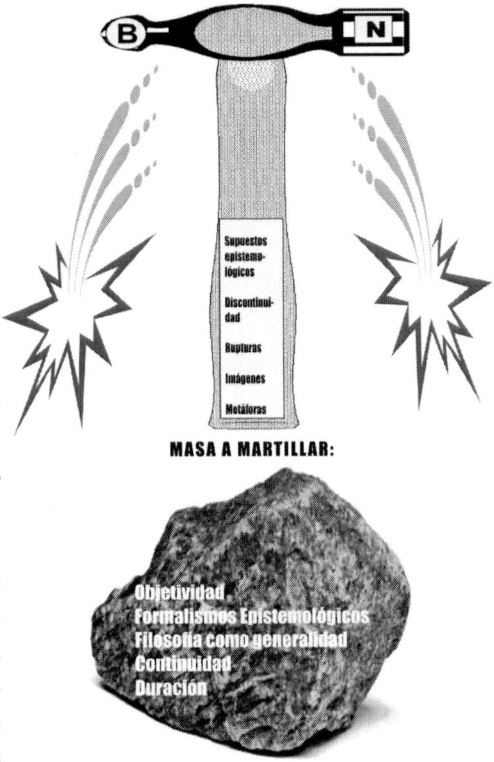

"[...] la objetividad científica sólo es posible rompiendo, en primer término, con el objeto inmediato, si se ha vencido el sortilegio de la elección inicial, si se han fijado y contradicho los pensamientos que nacen de la observación primera. [...] En sus inicios debe criticar todo: la sensación, el sentido común, la práctica más constante, hasta la etimología, pues el verbo, que está hecho para cantar y seducir, raramente encuentra la idea. Lejos de maravillarse, el pensamiento objetivo debe ironizar. Sin esta malévola vigilancia, jamás tomaremos una actitud verdaderamente objetiva."[26]

"Al hacerle un relato continuo de los acontecimientos, se cree poder revivir fácilmente dichos acontecimientos, en la

"[...] tener que combatir los instintos esa es la forma de la décadence: mientras la vida asciende es felicidad igual instinto."[30]

"Hoy nosotros poseemos ciencia exactamente en la medida en que nos hemos decidido a aceptar el testimonio de los sentidos [...] el resto es un engendro y todavía no-ciencia: quiero decir, metafísica, teología, psicología, teoría del conocimiento. O ciencia formal, teoría de los signos: como la lógica, y esa lógica aplicada, la matemática. En ellas la realidad no llega a aparecer, ni siquiera como problema; y tampoco como la cuestión de qué valor tiene en general ese convencionalismo de signos que es la lógica."[31]

[26] G. Bachelard, op. cit., 1973, pp. 11-12.

[30] F. Nietzsche, *Crepúsculo de los ídolos*. Madrid, Alianza, 1998, p. 49.

[31] Ibíd., p. 53.

continuidad del tiempo y se da insensiblemente a cualquier historia la unidad y la continuidad de un libro."[27]

"Siempre sucede lo mismo, el filósofo no aborda la zona de discontinuidades efectivas; afirma tranquilamente la continuidad del saber." "En su falta de aptitud para seguir lo vital, la inteligencia inmoviliza el tiempo en un presente fáctico."[28]

"Como fragmento de la vida, la duración no debe dictar sus reglas a la vida. Entregada por entero a su contemplación del ser estático, del ser espacial, la inteligencia debe cuidarse de desconocer la realidad del devenir."[29]

"Los filósofos creen otorgar un honor a una cosa cuando la deshistorizan, sub specie aeterni [desde la perspectiva de lo eterno], ¿cuándo hacen una momia. Todo lo que los filósofos han venido manejando desde hace milenios fueron momias conceptuales; de sus manos no salió nada vivo nada real. [...] ¡Ser filósofo, ser momia, representar el monótonoteísmo con una mítica de sepulturero!"[32]

"[...] en la exacta medida en que el prejuicio de la razón nos fuerza a asignar unidad, identidad, duración, substancia, causa, coseidad, ser, nos vemos en cierto modo cogidos en el error."[33]

---

[27] G. Bachelard, *Epistemología*. Barcelona, Anagrama, 1989, p. 221.

[28] Ibíd., p. 224.

[29] G. Bachelard, *La intuición del instante*. México, Fondo de Cultura Económica, 2002, p. 15.

[32] F. Nietzsche, op. cit., 1998, pp. 51-52.

[33] Ibíd., p. 54.

Concepciones sobre la ciencia en la filosofía de Nietzsche y el psicoanálisis de Freud

Julieta Bareiro[1]

Introducción

Este trabajo tiene como propósito realizar una indagación, como camino de lectura, a través de dos grandes pensadores que realizaron crítica profundas a las pretensiones de verdad, objetividad y neutralidad del pensamiento científico. Esos dos autores son F. Nietzsche y S. Freud. En efecto, mientras que el filósofo alemán denuncia a la ciencia por su falsa racionalidad, por el abuso de su poder explicativo que sólo sirve para instalar al hombre en un mundo cómodo, previsible y sobre todo, falso. El fundador del psicoanálisis, señala el carácter engañoso de la ciencia como verdad y transparencia. De este modo, ambos pensadores logran revolucionar y mostrar el revés de la trama del conocimiento moderno y las bases sobre las que se sostienen.

El plan de trabajo es el siguiente: en una primera parte, se analizará la noción de ciencia que F. Nietzsche realiza en "Sobre la verdad y la mentira en el sentido extramoral" (1873).[2] En la segunda parte, se examinará los aportes de Freud sobre el mismo tema. Y en la tercera, para finalizar, se arribará a las Conclusiones a modo de cierre

La noción de Ciencia en F. Nietzsche en "Sobre la verdad y la mentira en el sentido extramoral"

El texto comienza con una crítica a la idea de *conocimiento*. Nietzsche señala lo engañoso y fútil que es el conocer humano dentro de la inconmensurabi-

---

[1] Universidad de Buenos Aires – Universidad Nacional de Lanús. (Argentina)

[2] F. Nietzsche, *Sobre verdad y mentira en el sentido extramoral*, Madrid, Tecnos, 1990.

lidad del universo. Aquí el intelecto como herramienta de la supervivencia de la debilidad humana, se utiliza para la simulación. Es por ello que el hombre engaña, adula, oculta; al punto tal de enceguecerse a sí mismo. Sólo unos pocos hombres son capaces, mediante la voluntad, de vencer el sueño que lo adormece mediante la fábula del conocer. La pregunta que arroja es, ¿de dónde surge esa fuerza, impulsada por la verdad? Si el intelecto era presentado como útil para la simulación, y la vida en comunidad; el siguiente paso es preguntar por el estatuto de la verdad. La verdad, junto con la mentira, emerge del lenguaje. Mientras el mentiroso manipula el lenguaje para hacer pasar lo irreal por real, y debido a ello, es rechazado por los perjuicios que conlleva; la verdad parece ser buscada en la medida que traiga efectos agradables y vitales. En este sentido, toda verdad que pueda resultar dañina o destructiva es tratada como si fuera un enemigo. La pregunta también atiende a si en las convenciones del lenguaje puede expresarse la verdad y todas las realidades.

Así avanza sobre el tema de verdad y su relación con el lenguaje y la palabra; cuya realización proviene de una excitación nerviosa. El interrogante es cómo semejante proceso (sensación-excitación nerviosa-palabra-lenguaje) puede constituirse como verdadero. Justamente es la falta de memoria la que hace olvidar y transformar a la verdad en una tautología. Mediante el lenguaje el hombre antropomorfiza el mundo y lo que lo rodea, como por ejemplo, asignándole géneros a las cosas según los sexos. Por el contrario, el lenguaje no logra reflejar la "cosa en sí"; si no que el leguaje es creación. La condición creativa del lenguaje es la que asigna relaciones entre las cosas y los hombres mediante las metáforas –trasladar una excitación a una imagen, transformar la imagen en sonido–. De esta manera el lenguaje no opera de modo lógico y racional, concebirlo así es un engaño. El concepto, como abstracción de la palabra, también es engañoso en la medida que intenta universalizar lo diferente, es decir, buscar lo común en lo disímil. La naturaleza no tiene ni fórmulas, ni conceptos, la posibilidad de abstracción es un hecho de lo humano que intenta captar antropomórficamente al mundo. Así la verdad es un "ejército de metáforas" que establece causas y relaciones. El problema es que el hombre olvida, miente de manera inconsciente, niega el carácter metafórico del concepto y como consecuencia indeseable, cree que ella es expresión de la verdad. Lo que distingue al hombre del animal, es la capacidad de volatilizar las metáforas intuitivas y transformarlas en conceptos, esquemas, leyes. Esta construcción se opone al mundo intuitivo de las primeras impresiones.

Mientras el mundo racional y lógico olvida mediante la abstracción sus primeras impresiones y homogeiniza el lenguaje. El mundo de las metáforas intuitivas, se mantiene primero, impar e individual. Así la *verdad*, en el universo racional, se estanca mediante clasificaciones, sin cuestionar nunca el orden ni la jerarquía. En este universo, cada pueblo constituye su propio esquema conceptual en el cual se encierra, en la pretensión de encerrarse en la razón como búsqueda de la verdad; sin que alcance de manera alguna *lo verdadero en sí,* ya que ese afán de racionalidad y abstracción, no es otra cosa que la metamorfosis del mundo realizada por el hombre, tomándose como medida de todas las cosas, y olvidando las metáforas intuitivitas originales a las que confunde como las cosas mismas.

Es mediante el olvido, que el hombre ignora la condición de sujeto y creador artístico, y se refugia en la autoconciencia. Así desconoce la absurda contradicción de la correcta percepción, la adecuación entre sujeto y objeto, propia del conocimiento científico, que busca causalidad y exactitud. Como señala Esther Díaz:

> [...] la modernidad imaginó el conocimiento científico como un espejo que refleja la naturaleza. No tuvo en cuenta que la imagen reflejada en el espejo es efímera, virtual, titilante [...] Éste es el destino precario de los reflejos de la verdad y la puesta en escena de alguna de sus facetas.[3]

Por el contrario, es el comportamiento estético, mediante el uso del poetizar, el inventar y la interpretación el modo intermedio en que se tiene contacto con las cosas, ya que tampoco es verdad que la esencia de las cosas aparece en el mundo empírico. Es por ello que no existe la legalidad en la naturaleza, sino que es una obra subjetivamente humana; a través de la cual se establecen relaciones, tiempo, espacio, números. Es el hombre que ubica estas formas suyas en las cosas. Es lo que Nietzsche llamará *ciencia*. La ciencia será la contrapartida de las metáforas intuitivas primeras; mediante falsas regulaciones y certezas que brindan una engañosa seguridad. Por el contrario, es el arte, el mito, los que rompen con la trampa de la *verdad científica* y llevan al hombre al mundo de los sueños, donde las cosas recuperar su irregularidad a través de nuevas metáforas y metonimias.

---

[3] E. Diaz, *Entre la tecnociencia y el deseo: la construcción de una epistemología ampliada,* Buenos Aires, Biblos, 2007, p. 17.

Así se establecen dos tipos de hombres: los que se esconden buscando una falsa verdad en la razón y los que se mantienen libres en la inseguridad de la intuición. Ambas son dos formas de vida, la primera pretende alcanzar la verdad y con ella la tranquilidad, la certeza y la fallida búsqueda de la felicidad tras la ciencia, rodeado de bienes culturales de los cuales necesita, pero no deja de ser una falsedad y un engaño. El segundo, aunque sufre y siente más intensamente que el primero, aunque no logre aprender de la experiencia, se libera mediante la imposición del arte sobre la vida con el esplendor de las intuiciones metafóricas primeras. El primero se cree fuerte, aunque no es más que un simulador; el segundo, se sabe débil indigente, pero es sereno y libre, más allá de toda consideración moral. Esto se debe a que el arte, como manifestación de las metáforas intuitivas, le permite romper, quebrar, transformar y jugar; ridiculizando el andamiaje hermético de la razón científica. Se trata, entonces, de acceder a lo que yace oculto detrás de las prácticas sociales, de denunciar lo falaz de las categorías absolutas y cuestionar la pretensión de verdad que se le otorga al discurso científico, mostrando los juegos de fuerza que habita en ellas.[4] De esta forma, se pueden establecer dos partes del texto. La primera parte es la que plantea la situación y va preparando el terreno para las explicaciones y las justificaciones de la crítica que se verán en la segunda parte. En esta primera parte, se habla del hombre como un ser ofuscado, débil y desorientado en la naturaleza. La naturaleza es cambiante e irregular, y en cambio, el hombre desea verlo todo estructurado para su propia salud mental. Ante esta ofuscación, utiliza el intelecto, que según Nietzsche no es más que el arte del hombre de fingir. El hombre es un ser empujado a vivir en sociedad por interés, por necesidad. Este vivir en sociedad le obliga a crear un tratado de paz entre todos los hombres para evitar conflictos entre ellos. Este tratado de paz no es más que inventar una designación válida y obligatoria de las cosas para constatar que algo es verdad entre todos los hombres. En este momento es cuando nacen las palabras verdad y mentira. Cuando el hombre ha creado arbitrariamente lo que es verdad, automáticamente rechaza del nido de su sociedad a aquellos individuos que utilicen estas designaciones acordadas como verdaderas para hacer parecer lo irreal como real. De esta manera, la sociedad ya no confiará más en él. Sin embargo, el hombre desea la verdad y la naturaleza, en cierto modo, se la oculta, debido a la distancia entre los conceptos y lo

---

4 E. Díaz, *Las grietas del control: vida, vigilancia y caos*, Buenos Aires, Biblos, 2010, p. 140.

real. Ese impulso de conocer la verdad viene por las consecuencias agradables de la verdad y, por tanto, el rechazo al embuste viene por las malas consecuencias de éste. Esto nos demuestra que al hombre no le importa lo más mínimo la verdad, que le es indiferente.

En la segunda parte del texto, Nietzsche ataca al cientificismo afirmando que la ciencia pretende hacer regular el mundo para dar seguridad al hombre, creando más conceptos. Como lo establece E. Díaz, éste saber científico es decadente porque "priva de sentido a quien no se rige por los estrictos parámetro lógico-racionales exigidos por la tradición ilustrada"[5]. De esta forma, Nietzsche habla de dos tipos de hombres. El hombre racional y el hombre intuitivo. Ambos quieren dominar la vida, pero el primero lo quiere hacer mediante la previsión, prudencia, regularidad y el segundo sólo toma como real la vida disfrazada de belleza, es decir, que toma como verdad aquello que le interesa, porque eso le hace feliz. Para Nietzsche, el primer hombre es el representante de esta actitud cientificista que cree que todo es regular y previsible. De esta manera, este hombre sólo conjura desgracias, puesto que la vida es un continuo golpe tras otro y de esa forma este hombre nunca alcanzará la felicidad. El segundo hombre, es más irracional, tanto en el sufrimiento como en la felicidad. Teniendo en cuenta que sólo por el hecho de ser hombres, estos usarán el intelecto, ese gran arte de fingir, ya que el hombre es un ser que busca lo regular en lo irregular. El segundo sale mejor parado que el primero, porque este tiene momentos felices mientras que el otro se pasa su vida intentando prever lo que pasará. Esto no puede ser, puesto que el universo no es previsible, no es regular, ahí está la crítica al cientificismo. En palabra de E. Díaz:

> Nietzsche tuvo una intuición que le permitió captar la ciencia como un acontecimiento surgido desde la relaciones de poder y relacionado con la ética y la estética. Consideró además que las fronteras del arte están establecidas por la racionalidad, la formalización y la lógica. Esas fronteras circunvalan el deseo, la materialidad y el azar.[6]

Por todo ello, si el hombre no puede alcanzar la verdad, porque su humanidad hace que posea intelecto y que, con él, cree esos arbitrarios conceptos que denomina verdad, lo más importante será entonces ser feliz, puesto que

---

[5] E. Díaz, *Entre la tecnociencia y el deseo*, op. cit., p. 25.

[6] Ibíd., p. 26.

no puede librarse de esos conceptos y, por tanto, el cientificismo sólo empeora las cosas al hacer creer al hombre que puede alcanzar la verdad.

Ciencia en el psicoanálisis de S. Freud

Freud y Nietzsche comparten una misma manera de abordar el discurso científico. La ciencia no es vista como un sistema de proposiciones válidas, sino desde el punto de vista de su producción. De lo que se trata es de determinar el significado que tiene la ciencia para la vida humana. Freud se vale del término sublimación para describir el proceso por el cual las pulsiones encuentran nuevas vías de realización. El proceso de la sublimación radica en una desexualización de las pulsiones eróticas. Para profundizar este punto se tomará como eje de la comparación *El yo y el Ello* (1923) La razón de esta elección es doble. En primer lugar, *El yo y el Ello* representa un giro fundamental en el desarrollo de los conceptos psicoanalíticos. La focalización del texto permite, en segundo lugar, una comprensión en profundidad. Ciertamente que la obra de Freud es muy vasta y los conceptos están en permanente tensión y desarrollo, pero para lograr una perspectiva estereoscópica de todo el corpus freudiano se selecciona sólo un texto representativo a fin de construir un modelo reducido de hipótesis.

Para Freud lo originario es también la vida humana, pero concebida dinámicamente como la mezcla y desmezcla de la pulsión erótica y tanática. La teoría de las pulsiones lleva consigo una concepción de la vida, como el compromiso entre el eros –continuidad de la vida– y la muerte:

> La génesis de la vida sería, entonces, la causa de que esta última continúe y simultáneamente, también de su pugna hacia la muerte; y la vida misma sería un compromiso entre estas dos aspiraciones. Se diría, pues, que la pregunta por el origen de la vida sigue siendo cosmológica, en tanto que la pregunta por su fin y propósito recibiría una respuesta dualista.[7]

El concepto de origen, en uno y otro caso, remite a la instancia de la enunciación, es decir, a un sistema de coordenadas desde donde se organiza una deixis específica que da sentido al análisis. La orientación del sentido sigue

---

[7] S. Freud, *El yo y el Ello*, op. cit., p. 41-42.

varios ejes. Uno de ellos es el de corte espacial y se articula de acuerdo a la categoría: "superficie vs. profundidad". En el caso de Freud resulta evidente en el esquema que organiza la segunda tópica. La validez del mismo se mantiene en un notable plano de ambigüedad. Por un lado, presenta al dibujo como una mera disposición gráfico-espacial que no reclama interpretación alguna, sino que tiene sólo un valor didáctico, por decirlo así. Pero, por otro lado, a la hora de localizar alguna de las instancias se vale de analogías anatómicas. Es esta misma ambigüedad es la que nos habilita para realizar una lectura enunciativa. En el plano de la superficie se encuentra el yo, al que Freud denomina "el sistema superficie de la percepción consciente" o mejor "el yo es la parte del ello alterada por la influencia directa del mundo exterior, con mediación de Percepción-Conciencia: por así decir, es una continuación de la diferenciación de superficies."[8] El ello, por su parte, es el contenido inconsciente que, sobre la base de su empuje, determina al yo. Éste remite a las profundidades del ello y se modifica cuando entra en contacto con el mundo exterior. De la confrontación entre la realidad y el ello surgen las representaciones conscientes del mundo exterior. En lo que respecta a la instancia del superyó Freud no la ubica en ningún lugar del esquema. No obstante, su sentido pude ser interpretado de acuerdo a la categoría "superficie vs. profundidad". Esto se ve claramente cuando ilustra las relaciones entre el ello y el superyó mediante el cuadro de Kaulbach *La batalla de los hunos* lo más profundo de la vida psíquica deviene lo más elevado: moral, religión y sentir social.

Así pues, las representaciones que operan en el plano de la superficie deben remitirse, para adquirir significación analítica subjetiva, a las profundidades pulsionales del ello. Esta indicación de la representación al origen se establece en la sesión analítica donde el relato del individuo revela una serie de incoherencias que son interpretadas como índices de su origen inconsciente. Que la instancia del sujeto de la enunciación está en juego en esta concepción de la vida psíquica, resulta evidente cuando Freud describe la finalidad del análisis como la tarea que pone al paciente ante su propia libertad.

La enunciación es un fenómeno muchísimo más amplio que las secuencias discursivas de superficie. Los síntomas, actos fallidos y sueños, por el lado de Freud, y los conceptos y enunciados filosóficos, por el lado de Nietzsche, remiten a un abismo de donde procede el origen. El discurso científico es

---

[8] Ibíd., p. 27.

una formación de superficie, por decirlo así. La ciencia es un modo de ser del hombre que revela un aspecto de la verdad del sujeto[9]. Desde esta perspectiva la tarea de la fenomenología hermenéutica y del psicoanálisis es la misma. Se trata de explicar la génesis y la significación subjetiva de la ciencia. La sublimación freudiana y la noción de origen en Nietzsche son los dos conceptos que pretenden describir la genealogía de la ciencia y el lugar que ocupa en el contexto de la identidad humana.

La sublimación es uno de los destinos de la pulsión. Freud la describe como una génesis negativa o privación. La sublimación tiene el sentido de la desexualización. Es una desviación de la meta sexual hacia un objeto no-erótico. Ahora bien, Freud no se limita simplemente a describir el mecanismo sublimatorio, sino que determina el rol que cumple dentro de la constitución de la identidad humana. En efecto, por medio de la sublimación el yo puede constituirse como objeto para la pulsión. Se produce una transposición cuyo sentido es el siguiente: el yo adopta algunos rasgos del objeto para paliar de alguna manera la renuncia del objeto cuya carga erótica está reprimida. De este modo el yo se presenta ante el ello con los rasgos del objeto resignado a fin de que el ello se invista en él, es decir, el ello carga afectivamente, libidiniza al yo y, como consecuencia, el ello queda satisfecho. Esta sustitución o, en cierto modo, engaño del yo, tiene como meta, por un lado, darle consistencia al yo y, por otro, apaciguar al ello. Es en este momento de la argumentación donde Freud vincula las nociones de "narcisismo", "desexualización" y "sublimación". El narcisismo constitutivo expresa que la estructura de esta sustitución consiste en que el yo se toma a sí mismo como objeto. La desexualización radica en una renuncia de las metas sexuales sustituidas por otras que carecen de toda connotación sexual. La sublimación, por su parte, es una consecuencia de la desexualización.[10]

La ciencia, la moral, religión, el arte y, en general, toda producción social tiene su explicación genética como un proceso sublimatorio. Queremos destacar que la noción de sublimación tiene un sentido eminentemente positivo. Si bien el camino que recorre la pulsión y el cambio de objeto inherente al proceso sublimatorio implican una renuncia a la satisfacción directa, se produce, por decirlo así, una pérdida, un resto que se resiste a la sublimación, no

---

9 M. Foucault, *La hermenéutica del sujeto*, Buenos Aires, FCE, 2002, p. 33.

10 S. Freud, *El yo y el Ello*, op. cit., p. 32.

obstante, el mecanismo de resignación de la meta sexual tiene una connotación positiva: la energía pulsional se transforma en obras de un contenido legitimado socialmente.

Conclusiones

P. Ricoeur considera a Nietzsche como Freud y junto a K. Marx, como "los tres maestros de la sospecha."[11] Aunque, desde diferentes presupuestos, consideraron que la conciencia en su conjunto es una conciencia falsa. Mientras que Nietzsche pretende la restauración de la fuerza del hombre por la superación del resentimiento y de la compasión; Freud busca una curación por la conciencia y la aceptación del principio de realidad. Ambos tienen en común la denuncia de las ilusiones y de la falsa percepción de la realidad. La ciencia, para ambos autores, no es otra cosa que una máscara que oculta y separa al hombre de sus condiciones originarias más auténticas. Estos autores comparten una actitud crítica hacia la sociedad que conocen. Centran su mirada en una forma de entender el mundo que llega hasta nuestros días, y, por ello, sus visiones son aún vigentes.

[11] P. Ricoeur, *Freud: una interpretación de la cultura*, México, Siglo XXI, 1999. p.33

El descaro de Nietzsche

María Teresa García Bravo[1]

Quiero compartir con ustedes una pregunta: ¿qué puede aprender Nietzsche de Foucault?

Usualmente encontramos la afirmación de lo contrario: es Foucault el que toma de Nietzsche el modelo genealógico, la concepción de historia, la noción de fuerza y hasta la necesidad misma de pensar el poder. Sin embargo, al revisar las *Lecciones sobre la voluntad de saber,* ese volumen que reúne las clases dictadas por Foucault entre diciembre de 1970 y marzo de 1971, allí encontramos un título que nos anticipa que es posible pensar el camino que va de Nietzsche a Foucault como una ruta de dos direcciones con influencias mutuas. Así, la "Lección sobre Nietzsche", tal es el nombre de la última clase del curso, sería el punto de apoyo para contestar la pregunta inicial: ¿qué puede aprender Nietzsche de Foucault?

Mucho antes que una *lección*, Nietzsche primero fue una *elección* para Foucault. El encuentro entre ambos tuvo lugar en la ciudad italiana de Civitavecchia durante las vacaciones del verano del 53'. Maurice Pinguet, compañero de estudios de Foucault en aquel momento, le cuenta a Didier Eribon, que recuerda –como si lo estuviera viendo– a un jovencísimo Foucault leyendo las *Intempestivas,* al sol de la costa mediterránea.

El entusiasmo delirante que Nietzsche provocó en Foucault selló entre ambos una unión definitiva y constante. Nietzsche es a la vez un camino a seguir, un tutor conceptual, y un pensamiento afín con los intereses del joven Foucault. Nietzsche es un motor que mueve al propio pensamiento y orienta la investigación, que Foucault siempre desarrollará bajo "el resplandor solar de la gran investigación nietzscheana".[2] Con el tiempo, Nietzsche se convirtió también en un tema de clase, en motivo de conferencias, en el centro de

---

[1] Universidad Nacional de Lanús. (Argentina)

[2] Cfr. D. Eribon, *Michel Foucault*, Barcelona, Anagrama, 1992, p. 83.

alguna explicación. Recuerdo especialmente la "Primera Conferencia" de *La verdad y las formas* jurídicas, y por supuesto, la "Lección sobre Nietzsche", que es el texto del que nos ocupamos ahora.

Foucault nos ofrece la lección nietzscheana, nos explica a Nietzsche, nos lo enseña. ¿En qué consiste esta lección?

Su tema es la naturaleza de la verdad o, como dice ya el subtítulo, cómo pensar la historia de la verdad con Nietzsche, sin apoyarse en la verdad. La verdad es entendida aquí como una consecuencia del conocimiento, más precisamente, de la invención del conocimiento. Foucault toma esta última idea del comienzo de Sobre verdad y mentira en sentido extramoral, donde Nietzsche afirma: "En algún rincón perdido del universo hubo una vez un astro en el cual animales inteligentes inventaron el conocimiento. Ese fue el instante de la mayor mentira y la suprema arrogancia de la historia universal."[3] De esta tesis nietzscheana, es decir, de la idea de que el conocimiento es una invención, Foucault deriva una serie de consecuencias:[4]

1) El conocimiento no forma parte de la "naturaleza humana", no constituye el instinto más viejo del hombre.
2) El conocimiento carece de modelo, ningún prototipo de conocimiento precedió al conocimiento humano.
3) Las cosas no están hechas para ser conocidas. Es decir, no tienen un sentido oculto que haya que descifrar, ni una esencia que constituya su nervadura inteligente, no obedecen a leyes.
4) El conocimiento es el resultado de una operación compleja que se emparenta con la maldad, que se vuelve no sólo hacia las cosas objeto de conocimiento sino también hacia aquel que conoce.

Este planteo se complejiza cuando la verdad entra a jugar su papel en la historia del saber. El primer invento fue el conocimiento. Más tarde se inventó la verdad. Y la tarea en la que ambos se involucran transforma al conocimiento en conocimiento de la verdad. La fábula que cuenta esta historia dice:

> La verdad no está dada al inicio. El conocimiento la busca durante largo tiempo: ciego, a tientas. La verdad se da como resultado de una historia. Pero esa relación

[3] F. Nietzsche, *Sobre verdad y mentira en sentido extramoral,* Madrid, Técnos, 1996.

[4] Los siguientes items aparecen en M. Foucault, "Lección sobre Nietzsche", *Lecciones sobre la voluntad de saber,* Buenos Aires, Fondo de Cultura Económica, 2012, pp. 226 y ss.

> finalmente establecida entre la verdad y el conocimiento es una relación de derecho que se postula al comienzo. El conocimiento está hecho para ser conocimiento de la verdad. Hay una copertenencia de origen entre la verdad y el conocimiento. Y esa copertenencia es tal que: la verdad es el objeto del conocimiento –el conocimiento sin verdad no es verdadero conocimiento– la verdad es la verdad del conocimiento. [5]

La fábula del encuentro entre el conocimiento y la verdad es la operación nietzscheana por excelencia. Sin embargo antes que desenmascaramiento, Foucault encuentra allí "descaro". Dice Foucault:

> El descaro de Nietzsche radica en haber dicho: la verdad sobreviene en el conocimiento, sin que éste esté destinado a la verdad, sin que ella sea la esencia del conocer. El primer descaro de Nietzsche era decir: ni el hombre ni las cosas ni el mundo están hechos para el conocimiento; el conocimiento sobreviene, sin que lo preceda ninguna complicidad ni lo garantice ningún poder. El segundo descaro era decir: el conocimiento no está hecho para la verdad. La verdad sobreviene.[6]

Nietzsche es un descarado porque desenmascara la condición de *Erfindung* (invención) del conocimiento y la verdad, y además, lo señala como separados, desligados el uno del otro. Solamente un descarado es capaz de afirmar el conocimiento no orientado hacia lo verdadero. Un conocer por conocer, un conocimiento sin verdad.

Un descarado es un atrevido, un insolente, un desvergonzado. Hay que ser muy atrevido para disociar conocimiento y verdad. Hay que ser un caradura para pensar el conocimiento como un proceso histórico anterior a toda problemática de la verdad.

En este sentido, el descaro de Nietzsche puede ser entendido como un cinismo: descaro también significa falta de pudor o recato para hacer algo censurable. Afirmar que ni el conocimiento nos es natural, ni la verdad es natural al conocimiento –los dos descaros de los que habla Foucault–, es sin dudas algo que a Nietzsche siempre le será reprochado. Es incluso uno de los puntos en los que peor se lo ha leído, haciendo de él un defensor del relativismo.

---

5 Ibid. p. 230.

6 Ibid. p.230.

La lección aquí sería, el alto precio que hay que pagar por la audacia. Pero un descarado es también alguien sin rostro. Y en ese sentido, podría pensarse como una manera más de trabajar la máscara. El descaro de Nietzsche podría consistir precisamente en esto: un desenmascaramiento extremo.

Una máscara detrás de otra máscara, detrás de otra máscara, es un modo del descaro, de un rostro ausente que se multiplica de maneras infinitas. Nietzsche es mil caras a la vez, y la máscara del descaro, también un fingimiento provisorio.

Nietzsche encarnaría la forma extrema del "*sin-máscara*": ya es directamente "*sin-cara*". Detrás de la máscara hay siempre otra máscara y detrás de esa, otra máscara más, porque no hay cara que ocultar. No hay nada que ocultar. Hay descaro.

En este sentido, me gustaría hacer una aclaración con respecto a la "Lección sobre Nietzsche". Si bien aparece compilada como "última clase", del conjunto denominado *Lecciones sobre la voluntad de saber*, estrictamente se trata de una conferencia que dictó Foucault en abril de 1971 en la Mc Gill Univerity de Montreal. La creación de departamentos de estudios culturales permitió que a partir de los años 70' muchos filósofos franceses dictaran cursos y conferencias en universidades americanas, espacio en el que se les rindió verdadero culto como "grandes sacerdotes de la universidad francesa".[7] Sin dudas Foucault formó parte de estos "*sabios famosos*", modelo intelectual denostado por Nietzsche en el *Zarathustra*, en función de su "voluntad de verdad".

Dice Nietzsche en "De los sabios famosos": "Para mí vosotros os tomáis en todo demasiadas confianzas con el espíritu; y de la sabiduría hacéis con frecuencia un asilo y un hospital para malos poetas."[8]

Esta sentencia da en el corazón de la investigación foucaultiana: el asilo y el hospital, son los pilares en los que se asienta *Las palabras y las cosas*, el gran best-seller que agotó la primera edición en una semana.

Sin embargo, y a pesar del asco *Zarathustreano*, Nietzsche es hoy mucho más famoso que el mismo Foucault.

Los motivos de la actualidad de ese inactual que siempre es Nietzsche son diversos y complejos. Van desde la apropiación de su filosofía llevada a cabo por el nacionalsocialismo, la manipulación de los textos que lleva a cabo su

---

[7] F. Cusset, *French theory: Foucault, Derrida, Deleuze and cia. Y las mutaciones de la vida intelectual en Estados Unidos, Tenerife, Melusina, 2005,.*

[8] F. Nietzsche, *Así habló Zaratustra, Madrid, Alianza, 2003, p. 161.*

hermana, el trabajo del archivo que dio lugar a la edición crítica llevada a cabo por Colli- Montinari, hasta las clases del profesor Foucault. Entre la multiplicidad de razones que estructuran la vigencia de Nietzsche y su filosofía, también está Foucault. Foucault también es una razón. Foucault y su particular forma de hacer una filosofía nietzscheana. A Nietzsche se lo lee, se lo enseña, se lo reescribe, se lo sigue a distancia. Eso lo sabemos por saber Foucault.

Porque es precisamente Foucault quien, a lo largo de su densa producción filosófica, incluso llega a realizar aquella vieja profecía nietzscheana que augura un porvenir de cátedras enteras dedicadas al estudio del *Zarathustra*.

Y ni que decir sobre la propia existencia de este Congreso, de nosotros mismos, aquí agrupados con motivo del Congreso Internacional dedicado enteramente a Nietzsche y la ciencia. Es precisamente esto lo que indica que Nietzsche es ahora también otro de los *famosos sabios*.

Podríamos decir, entonces, que el verdadero descaro nietzscheano radica propiamente en su reciente fama. Fama que sería una especie de ampliación de los descaros previamente por Foucault identificados.

El máximo descaro de Nietzsche no radica tanto en sus atrevimientos teóricos sino más bien en haberse dejado transformar en algo que nos enseñan a estudiar, en una lección por impartir.

Es en virtud de este prestigio y renombre como Nietzsche finalmente aprende algo de ese descaramiento con el que Foucault lo identifica: al volverse terriblemente actual, Nietzsche se enfrenta con la necesidad de sostenerse en su máscara más ridícula, en la máscara por él menos pensada. Es el descaro que tiene que asumirse para mostrarnos su *verdadero* rostro. Es esa cara que tanto conocemos. La *verdadera* cara de Nietzsche. La impropia máscara del presente.

"¿Y dónde está el sujeto?": indicadores enunciativos y desafíos metodológicos para la investigación de la subjetividad

Roxana Ynoub[1]

1. Introducción

¿Qué es la subjetividad? ¿Se la puede "id-entificar"?, si así fuera, ¿cuál es, o qué estatuto tiene esa identidad? ¿es referenciable? Y concomitantemente a todo esto ¿es investigable con los métodos propios de la investigación empírica? o dicho de otra manera, ¿puede hablarse en este terreno de "operacionalización"?

Planteados estos interrogantes son múltiples los enfoques y las perspectivas desde los que pueden ser abordados. Ellos han sido –y son– asunto de la reflexión filosófica (desde muy diversas posiciones teóricas), y de dominios disciplinarios como los del campo psicológico y psicosocial, en sus múltiples vertientes.

No pretendo en este trabajo adentrarme ni dar cuenta de esos desarrollos y debates. El enfoque que adoptaré se circunscribe a un marco acotado, aunque en cierta medida pretencioso: el de los desarrollos que se han dado en el terreno de la lingüística (y en particular en las vertientes que la emparentan con la pragmática) desde los cuales se pueden extraer algunos criterios metodológicos para la investigación "empírica" de la *subjetividad*.

En esa dirección, me serviré de los aportes de la llamada *teoría de la enunciación* revisándolos en el marco de una teoría de la acción que extraigo del jurista argentino Carlos Cossio (1964).

El supuesto que asumo es que esta perspectiva resulta especialmente iluminadora para comprender el alcance de la concepción enunciativa formulada por Benveniste, en particular en lo que respecta a su definición del *acto-enunciativo*, definido por lo que llamo el "acto de apropiación del aparato formal de la enunciación".

---

[1] Universidad de Buenos Aires – Universidad Nacional de Lanús (Argentina)

A partir de allí, me propongo examinar algunas consecuencias que podría extraerse de esta vinculación teórica, para ordenar tentativamente criterios metodológicos para su aplicación empírica.

A tal efecto comenzaré por situar los aportes de cada una de estas orientaciones (la teoría de la enunciación por una parte, y la teoría egológica del derecho de Cossio por otra) para luego situar sus mutuas articulaciones y las consecuencias que se pueden extraer de ella.

2. El concepto de "enunciación" y la "apropiación del aparato formal que hace posible dicha apropiación"

Es frecuente diferenciar dos perspectivas hasta cierto punto contrapuestas en lo que respecta al análisis y la comprensión del signo lingüístico.

Por una parte la que remite a la perspectiva estructuralista y formalista –fundada por Saussure y continuada por Hjemslev–, en la que la lengua se concibe como un *código* que establece las correspondencias entre la realidad fónica (expresión) y la realidad psíquica (contenido).

De otra parte se ubica a la llamada "lingüística de la enunciación" cuyo objeto remite a las condiciones de interlocución y a las circunstancias espacio-temporales vinculados al acto de hablar. De acuerdo con esta perspectiva el acto de puesta en funcionamiento de la lengua instaura relaciones específicas entre los interlocutores, de modo que muchas formas gramaticales, términos y giros lingüísticos están destinados a marcar esas relaciones.[2]

Dado que en esta presentación me interesa profundizar en esta segunda concepción, me detendremos exclusivamente en ella. De cualquier manera, examinando el alcance de la misma se puede comprender también de qué modo se diferencia –o al menos expande o revisa– la concepción saussuriana del signo lingüístico. Emile Benveniste define a la enunciación en los siguientes términos:

> *Es la puesta en discurso por un acto individual de utilización o apropiación de la lengua.*[3]

---

[2] M.I. Filinich, Enunciación, Ed.Eudeba, Buenos Aires, 2001, p.12

[3] "Es en y por el lenguaje como el hombre se constituye como *sujeto*, porque el solo lenguaje funda la realidad, en *su* modalidad que es la del ser, el concepto del 'ego'-" E. Benveniste, *Problemas de la lingüística general*, I y II. Ed. Siglo XXI, México, 1974, p. 12

La primera consideración que cabe derivar de esta formulación es que tenemos por una parte "la lengua" (lo potencial) y su "puesta en discurso" (lo actual). Entre ambas un tercer elemento "el acto de apropiación".

Esquemáticamente podríamos describirlo en los siguientes términos:

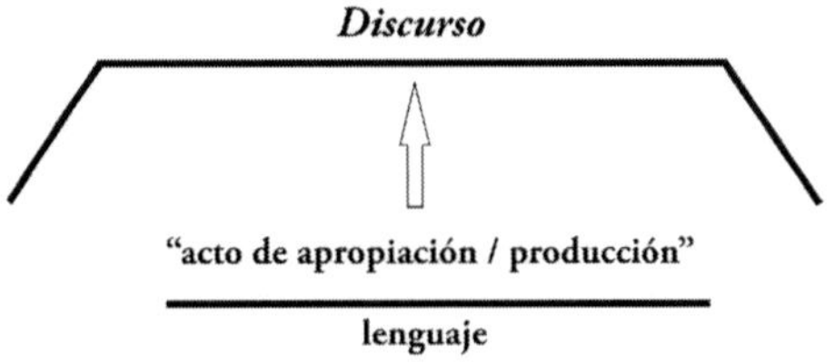

Lo que aparece de manera manifiesta –como el producto del acto de producción– es el *Discurso*. Lo que subyace a él es el acto de producción que se sirve de la LENGUA para hacer emerger el discurso.

Lo que advierte Benveniste es que ciertos elementos previstos por el código lingüístico concretizan su sentido a partir de ese acto productor.

Entre esos elementos se cuentan los llamados *deícticos*. Se pueden diferenciar en *deícticos de pronombres personales* ("yo-tú"), *deícticos espaciales* ("aquí"; "ahí"; "allí", etc.), *deícticos temporales* ("ahora"; "ayer"; "mañana").

Así, por ejemplo, el referente del "yo" es siempre el sujeto que pronuncia el término "yo". Por fuera del acto enunciativo el término "yo" carece de referente. Y lo mismo ocurre con cualquier otro deíctico de lugar o tiempo. Sólo por referencia al hablante, o más precisamente, al enunciador los términos "esto"; "eso"; "ahora", etc. adquieren referencialidad.

Esa referencialidad desaparece por fuera del acto de la enunciación.

Pero lo que además agrega Benveniste es que es por medio de este acto enunciativo que el sujeto se instituye como sujeto. Es decir, que subjetividad y enunciación son, al menos, términos mutuamente dependientes.

Ahora bien, cuando Benveniste da cuenta de este proceso enunciativo sostiene que se produce por medio de la *apropiación de un "aparato formal"* que lo hace posible. Este aparato formal, vendría dado por la presencia de estos elementos vacíos del corpus que se llenan de sentido en el acto de hacer uso de ellos. Estos elementos, se presentan en el *discurso* como marcas o precipitados de esta actividad productora enunciativa.

Sin embargo, nos dice muy poco sobre el alcance que le otorga a esta actividad "apropiadora". ¿Qué significa apropiarse de ese aparato formal?

Un presupuesto que procuraré justificar aquí es que el concepto de "apropiación" encierra las claves de comprensión para captar el verdadero alcance de la teoría enunciativa.

Y de modo más específico, sostendré que es la teoría jurídica, y en particular la vertiente de cuño fenomenológica desarrollada por la escuela argentina, la que brinda elementos decisivos para precisar el concepto de "apropiación".

3. El concepto de egología jurídica de Carlos Cossio

Al referirse al objeto de la ciencia jurídica, el jurista Carlos Cossio (1964) la definió como el estudio de la *"conducta que se integra con la vivencia de la norma"*.

Esta formulación revolucionaria al interior de las ciencias jurídicas, postulaba nada más y nada menos, que no son las normas como código inerte el asunto del jurista, sino la conducta humana que con ellas se integra y se significa.

Los juicios normativos describen el plexo de posibilidades que la conducta realizada integra –como trasfondo de posibilidades– en su propia realización. Obrar conforme a norma es obrar con reconocimiento de ella, independientemente que se cometa una acción lícita o ilícita –esto diferencia al delincuente del inimputable.

Cossio bautizó a su concepción jurídica como *egología*: la norma sería un concepto apto para mentar la conducta en tanto que ésta es el objeto del conocimiento jurídico; pero este concepto integra sin embargo la propia conducta de la que él mismo hace mención; o, en sus propias palabras: el objeto del jurista (al que la norma describe) es la "*conducta que se integra con la vivencia y la representación de la norma*". Por este camino, y siguiendo una tradición que se remonta a Del Vechio (para quien la conducta jurídica se funda en las *posibilidades de la acción social,* cfr. 1980) Cossio ha definido a la *experiencia jurídica* como *experiencia en interferencia intersubjetiva* es decir, conducta compartida con otros –cuya condición de posibilidad se deriva de la realidad *coexistencial* del ser humano– "cuyo sujeto actuante, dice, no es el yo de una persona aislada, sino un nosotros."[4]

De acuerdo a este modelo, todo hecho jurídico –y, por lo tanto, todo juicio que expresa esos hechos– exige la consideración de dos niveles o jerarquías: el de la endonorma y el de la perinorma:

---

[4] Op.cit.,, p. 300.

> La norma jurídica completa, que en cuanto concepto adecuado al objeto ha de ser disyuntiva para referirse a la posibilidad de posibilidades y no sólo a la posibilidad que se da, tiene dos miembros a los que proponemos llamarlos endonorma (conceptuación de la prestación) y perinorma (conceptuación de la sanción) [...].[5]

De este modo, la estructura formal de esta norma única no es como en Kelsen un juicio hipotético, sino un juicio disyuntivo que reconoce la siguiente formulación:

Dado A deber ser P	o	Dado no-P debe ser S
ENDONORMA		PERINORMA

La estructura de la norma –que describe la conducta en su interferencia intersubjetiva– convoca de manera necesaria una doble referencia: por una parte, una referencia a la *endonorma*, que describe la presentación –es decir a los vínculos que se establecen entre un *Sujeto Titular* (de un bien o un derecho) frente a un *Sujeto Obligado* (a reconocer dicha titularidad)–, y, por la otra, la *perinorma*, que describe la sanción; cuyo nivel de determinación viene dado por la *Comunidad* garante y fundante de todo acuerdo (Cossio la llama *Comunidad Pretensora*), a través del *Funcionario Obligado* (investido por dicha comunidad) para preservar los reconocimientos normativos.

Examinada más detenidamente puede describirse en los siguientes términos:

> Dada la adjudicación de un derecho a un sujeto (Sujeto titular –St– de ese derecho)
> *debe ser*
> la obligación de reconocerlo a todo otro sujeto excluido de ese vínculo (Sujeto obligado –So–);
> y sino, (es decir si no se cumple la prestación estipulada),
> debe ser

La sanción del transgresor a manos de un Funcionario Obligado (Fo) investido para ello por una Comunidad Pretensora (Cp) que legitima su actuación.

[5] Op.cit., p. 661.

Este modelo permite considerar de manera conjunta la alteridad implícita en todo vínculo de reconocimiento normativo, conjuntamente con el contexto validante que lo legitima y preserva.

La segunda parte del juicio, efectivamente, enuncia, el factor correctivo o restitutivo como *sanción*. La sanción está a cargo de un sujeto de "distinto tipo" (lógico y ontológico) que los sujetos titulares y obligados: se trata –según palabras del mismo Cossio– de un sujeto que actúa en calidad de *funcionario obligado*, en nombre y representación de la voluntad de la Comunidad –las normas son un mandato de la Comunidad.

Es la Comunidad la que inviste a este sujeto como *funcionario obligado*, y por eso él está obligado ya no ante un particular, sino ante la Comunidad que es el verdadero contexto instituyente de toda relación entre particulares.

Una consecuencia de este segundo componente del juicio normativo, al que Cossio llama *perinorma* estriba en reconocerle estatuto ontológico a la Comunidad. La perinorma invoca de manera ostensible la dimensión *transindividual* sobre la que se funda la experiencia jurídica –como voluntad de la Comunidad o Voluntad General–. Es en relación a este trasfondo institucional que resulta posible toda *experiencia jurídica*.

Además de esta perspectiva objetiva de la experiencia intersubjetiva que queda descripta por el juicio disyuntivo de Cossio, interesa señalar también que esta misma estructura puede ser evaluada desde la perspectiva interna, como *"conducta que se integra con la vivencia de la norma"*. Toda subjetividad sensible protagoniza de manera plena el plexo de relaciones y posibilidades que quedan definidas por la estructura misma de la norma.

Dicho de otra manera, la estructura del juicio no describe al conjunto de sujetos empíricos que pueden ocasionalmente participar de una experiencia normativa. Expresa, por el contrario, la *representación interna, subjetiva, que protagoniza quien integra su conducta con la representación de la norma,* y en ese sentido, puede ser concebida como un *a priori práctico* del obrar coexistencial o coexistenciado.[6]

Finalmente, la norma no expresa lo que se tiene que hacer o dejar de hacer –como ocurría con el juicio hipotético kelseniano. Enuncia las alternativas que se abren ante la elección de una cierta orientación en el obrar. En otros

[6] Cossio no se expresa en estos términos, pero en el marco de su reflexión puede reconocerse esta tradición de la filosofía práctica –incluso en perspectiva kantiana. C. Cossio, C., *La Teoría Egológica del Derecho y el concepto jurídico de libertad,* Ed. Abeledo Perrot, 1964.

términos, se trata de un enunciado que expresa lo que Carlos Cossio, llama el "axioma ontológico de la libertad". Si un sujeto roba, su robo será un hecho jurídicamente punible si está fundado en la libertad, es decir, en la elección conciente por la que se lleva a cabo la acción de robar: el ladrón reconoce –y vivencia– en la acción que ha elegido la "ilicitud" que la acompaña (y por lo tanto, puede representarse el conjunto de consecuencias jurídicas que potencialmente se derivan de su acción).

Desde esa perspectiva, resulta posible diferenciar también la conducta *antijurídica* –propia del acto ilícito– de la conducta *a-jurídica* que es previa a toda valoración normativa. De allí que los menores o los dementes se consideren inimputables para el derecho, en tanto no pueden integrar su conducta con el plexo de interdicciones y consecuencias sociales que se siguen de su acción. Dicho de otra manera: ellos no están inscriptos en el trasfondo coexistencial, en el contexto transindividual que funda el orden social en el que las conductas adquieren valoración jurídica. Para decirlo con un ejemplo: cuando un adulto-socializador dice ante la conducta de un niño/a que hurga el bolsillo de un desconocido: "*es que es chiquito, aún no entiende*", lo que está queriendo decir –o lo que podría decirse en terminología de Cossio– es que: "aún no está interferido por el orden social, aún no vivencia ni se representa su conducta como transgresión, aún no está inscripto en el contexto comunitario en el marco del cual ciertas conductas se diferencian como *lícitas* o *ilícitas*".

La Comunidad, es la totalidad emergente del comportamiento –reconocido y admitido– por las partes constituyentes. La Comunidad no es una entelequia de nuevo tipo que se impone de manera externa a las partes contratantes. La Comunidad es, en sentido propio, un elemento constitutivo de ambas partes como seres integrados y vivenciados en y por medio de ellas. Ser "titular" –de un bien o de un derecho– es admitir y reconocer que se puede reivindicar y exigir el reconocimiento del mismo. De igual modo, estar *obligado a* es admitir esa instancia que surge como interdicción ante la titularidad ajena.

La Comunidad no es otra cosa que el conjunto de acuerdo consagrados y consolidados a lo largo de la historia equilibradora de las conflictividades sociales. La *regla* o las *normas* han emergido como resultado de los acuerdos que se alcanzaron al momento de saldar luchas y enfrentamientos; pero, una vez instituidas se tornaron regulativas de los sujetos creadores de ellas. Efectivamente, las normas constituyen condiciones de posibilidad para la realización de los intereses y deseos de cada una de las partes en el marco de vínculos de reconocimientos recíprocos: si esos reconocimientos caen, retorna el conflicto y por lo tanto la disolución de los contextos previsibles para la realización de los fines particulares. De modo que la Comunidad, en la acepción que le otorga Cossio no es una suma de voluntades, sino la Voluntad que impera en el espíritu del sujeto particular, como sujeto que reconoce (y reclama) el derecho. Sea que se reclame el reconocimiento a los derechos básicos del ser humano, sea que se reclame el reconocimiento de los derechos reales de un particular.

4. Egología y enunciación

Disponiendo de los dos conceptos que organizan esta exposición, me propongo ahora identificar sus convergencias, pero también –y de manera especial– señalar de qué manera la concepción "egológica" permite precisar el concepto de enunciación.

Como quedó dicho, Benveniste define a la enunciación como el *"acto de apropiación de un aparato formal que la hace posible"*. Por medio de esta apropiación, sostiene, el hablante, transforma la lengua en discurso.

Ahora bien, apropiarse, en la perspectiva egológica, implica dominar el conjunto de posiciones que organizan cualquier función regulativa.

Posicionarse como "sujeto titular" de un bien o un derecho, implica reconocer *ipso facto* el conjunto de posiciones que esa titularidad reclama: el de un sujeto obligado a reconocerla, y la de un contexto de validación que la legitima. Todos esos lugares no son externos al propio sujeto enunciador. Si se enuncia con competencia jurídica, se los invoca en el mismo acto en el que se reconoce o reivindica el derecho de titularidad pretendido. Dicho de otro modo, ser jurídicamente competente, implica ubicarse en una *trama de relaciones inter y transubjetivas* que organizan la experiencia normativamente regulada. Es allí donde radica la fuerza de la concepción egológica de Cossio, en tanto se transforma en una teoría de la subjetividad.

Así, por ejemplo, un mismo término como "*mío*" adquiere enunciativa y jurídicamente alcances muy distintos según sea el grado en que el sujeto participa del sistema de reconocimientos que habilitan los distintos modos de apropiación. Se requiere de un largo camino socializador para reconocer y actuar conforme a los distintos grados en que se puede diferenciar un objeto como "propio" (con titularidad plena); "cedido"; "prestado"; "ocupado"... etc. En otro lugar me dediqué extensamente al examen de estas categorías jurídicas provenientes del derecho real;[7] me interesan aquí al solo efecto de advertir las limitaciones que una lingüística del código presenta si sólo la remitimos a la unidad observacional del término proferido, pero en especial, para advertir de qué manera la inscripción subjetiva en el contexto de interlocución definen el alcance de la significación.

Desde esta misma perspectiva habría que postular entonces, el alcance del concepto de *enunciación*. Si bien es cierto que el código prevé la existencia de elementos cuyo sentido se realiza en el acto de enunciarlos; también es necesario reconocer que no es por el solo hecho de proferirlos que se alcanza el genuino o efectivo acto enunciativo.

Si alguien dice *yo*, ese *yo* habilita o supone un *tu* destinatario. El pronombre personal yo, en su acepción enunciativa es siempre un *yo-tu* enunciativo: alguien habla y le habla a otro alguien. De igual modo, y tal como también lo reconoce Benveniste, el *yo-tu* se realiza siempre sobre un trasfondo de no-persona, que es el *ellos.*[8] Lo llaman de "no-persona" porque el *ellos* (o eso) es una instancia ajena, tercera a la interlocución enunciativa. Estos "lugares/funciones" son intrínsicos al acto enunciativo: están vehiculizados en el enunciado mismo.

A modo de ejemplo observemos el siguiente enunciado, que podría estar en un cartel de un comercio o de un anuncio publicitario:

> "*Estamos para ayudarlo*"

Este enunciado contiene un *yo-enunciador* que se dirige a un *tu-destinatario* como lugares previstos por el mismo discurso, es decir, independientes de la existencia de un enunciador o destinatario empírico.

Dicho de otra manera, tanto el que produce como el que decodifica o interpreta el discurso crea a esas instancias enunciativas: debe crearlas para que el enunciado adquiera sentido. Se podrá preguntar por ejemplo: ¿quién es el que ayuda? ¿a quién ayuda...? Esas marcas podrían estar resultas por el contexto enunciativo. Por ejemplo, si la frase se expresa en la camisa de un empleado

---

[7] R. Ynoub, Del *ser social de las cosas* al *ser material de la persona*. Revisión de las categorías del "derecho real" para una psicogénesis de los reconocimientos posesorios, Revista Perspectivas en Psicología. Facultad de Psicología. Universidad Nacional de Mar del Plata, Vol. N° 1, 2005, pp. 5-12.

[8] Cfr. Benveniste, *op. cit.*

de un comercio, el *yo (nosotros)* es la propia empresa o comercio; y el *tu* es el potencial cliente de la misma.

Pero lo que es más importante advertir es que este sentido será absolutamente independiente de la voluntad de ayudar real que tenga el sujeto que porta la camisa, o de la potencial necesidad de ser ayudado que requiera el cliente (en que caso de que existiera también éste). Esas condiciones de "interlocución" constituyen la condición de posibilidad para la captación plena del sentido.Y ese sentido sólo podrá ser captado si el que lee el mensaje puede reconstruir como un todo el contexto interlocutivo presupuesto en el mismo. Puede comprender y reconocer que hay un transfondo transindividual en el que ese mensaje se inscribe –en este caso particular, ese transfondo podría definirse como "contexto contractual comercial– en el marco del cual se le pide que ubique un enunciador (el contractuante-empresa) y un enunciatario o destinatario (contractuante-cliente).

Interesa advertir entonces, que, por una parte, nos encontramos con los mismos elementos en ambos modelos: el de la enunciación y el de la egología; según la siguiente correspondencia:

yo-tu titular	*–obligado*
ello/ellos	*comunidad pretensora*

Ahora bien, el interés no radica sólo ni principalmente en identificar esta semejanza formal, sino más bien en indicar que en ambos casos se postula *la implicancia del sujeto en una estructura que habilita un conjunto de lugares-funciones* a partir de las cuales emerge el sentido (sentido lingüístico o sentido jurídico).

Se trata de lo que Kant llamó experiencia o "*sentido interno*": el sujeto lingüísticamente competente, como el sujeto jurídicamente competente deben vivenciar como experiencia o sentido interno el conjunto de esa estructura formal (enunciativa o egológica según los casos), para participar protagónicamente de la experiencia comunicacional o coexistencial que en cada modalidad se realiza.

Dicho de otra manera, lo que ambos modelos advierten es que, el acto-lingüístico como el acto-egológico (juridictivo) supone que el sujeto integre, se instale, organice *–como sentido interno–* el sistema de posiciones que esa estructura enunciativa porta. Esa captación del sentido, está posibilitada por la actualización egológica-enunciativa.

En esa dirección cobra un papel decisivo el lugar que Cossio le otorga a lo que él llama "Comunidad pretensora". Es por ella –y a través de ella– que es posible definir los lugares respectivos en que el "*yo-tú*" puede definirse enunciativamente. Siempre –absolutamente siempre (aún en el soliloquio de un diálogo interior) el sujeto enunciador asume una posición enunciativa posibilitada por un lugar contextual que la define. Ese contexto *translocutivo* es el que tiene consecuencias decisivas para la interpretación y también para la operacionalización de este modelo, como voy a examinarlo a continuación.

5. Consecuencias operacionales a partir de este modelo enunciativo-egológico

A los efectos de precisar el alcance del concepto de enunciación, en otro lugar la definí como "monadología enunciativa"[9] . Con ese término pretendía aludir a la clausura representacional en que se asienta la enunciación (y en definitiva la producción y la captación del sentido).

Conforme con ello el "aparato formal del yo-tú enunciativo" no refiere al yo-empírico de quien lo enuncia ni a la presencia de algún alter-ego circunstancialmente presente. Es el *hecho del discurso* el que se organiza a partir de esa estructura como un *a priori* o condición de posibilidad del sentido. El *sujeto* es la condición actual –y "actualizante"– de esa estructura: el que debe captarla para captar el sentido.

Pero para que ello resulte posible deben estar disponibles las condiciones contextuales que le dan concreción a ese "aparato formal". Dicho de otra manera, debe especificarse por referencia a un tipo particular de función o experiencia social.

Una consecuencia metodológica que se deriva de estas consideraciones, sostendría que para identificar la *posición subjetiva* presupuesta en el discurso, se debe explicitar el contexto *translocutivo* en el que se concretiza.

Ese contexto translocutivo es de orden institucional (corresponde a lo que Cossio llama *comunidad* pretensora). Toda enunciación es la apropiación del aparato formal que cada contexto pragmático-social hace posible. Para decirlo

---

[9] Cfr. R. Ynoub, "La perspectiva actancial debe acompañar todas mis representaciones. Aportes de la narrativa a una teoría de la subjetividad", en Perspectivas Metodológicas, N° 7, Remedios de Escalada, Ediciones de la UNLa, 2007, pp. 81-100.

en otros términos, se habla en calidad *de pariente, de vecino, de amigo, de estudiante, de ciudadano, de cliente.*

Teniendo presente estos presupuestos, podría sugerirse una tipología de macro-contextos pragmático-sociales, cada uno de los cuales definiría específicos *a priori* enunciativos.

La concepción de los "estratos de sociabilidad" propuesta por Samaja –e inspirada a su turno en grandes referentes del pensamiento social y filosófico– ofrece criterios ordenadores en tal dirección.

Dichos estratos, serían resultado de una prolongada historia epigenética, la que dio lugar a la complejidad de la estructura social en la que se articularían diferentes *formas de vida.*[10]

De acuerdo con Samaja, se pueden reconocer cuatro grandes macro-contextos o estratos ontológicos para describir esas distintas formas de vida:

a. Macro-contexto *enactivo-corporal.*
b. Macro-contexto *vincular-comunal.*
c. Macro-contexto *político-estatal.*
d. Macro-contexto *asociativo-contractual.*

Por razones de espacio no puedo profundizar aquí en los fundamentos de esta clasificación y en las características que definen a cada estrato.

Señalaré en su defecto algunos de sus rasgos más generales.

En primer término, se puede reconocer que cada uno de ellos está signado por un tipo peculiar de producción y reproducción de sí mismo. Es decir, la distinción establece distintos tipos de *ser* (ser *corporal, comunitario, político y contractual*) y para cada uno de ellos específicas lógicas de producción y reproducción.

Son esos procesos productivos-reproductivos los que hacen posible diversas "posiciones discursivo-enunciativas" y por lo tanto, distintos tipos de *subjetividad.* De modo tal que podría reconocer que un sujeto humano es un ser que participa de todos esos órdenes de experiencia –o lo que es lo mismo– que se constituye (o puede constituirse) como sujeto *corporal, comunitario, político y contractual.*

Así por ejemplo, el estrato "enactivo-corporal" alude a la enunciación que se articula por referencia al cuerpo –o más precisamente a la *subjetividad corporizada.* Este dominio de experiencias ha sido ampliamente tematizado por la tradición fenomenológica que advirtió la dimensión subjetivante de lo que

[10] Cfr. J. Samaja, *Epistemología de la salud,* Ed. Lugar, Buenos Aires, 2005, p.103.

podríamos definir como enunciación corporal. La "perspectiva" por ejemplo, es enunciativa: es la posición subjetiva por referencia a la cual se organiza el espacio (en el sentido en que también lo advirtiera Kant y lo ampliara experimentalmente Jean Piaget.

Esta experiencia, por otra parte, despliega su propia especificación del "aparato formal enunciativo", tal como lo reconocen los teóricos de este campo:

> Pensar en la enunciación del espacio conduce necesariamente a considerar que toda referencia al espacio implica la instauración de un punto de vista desde el cual se organiza la representación espacial. El acto de percepción produce una separación entre un "efecto-sujeto" (fuente de la orientación perceptiva) y un "efecto-objeto" (meta de la percepción). Esto es, el acto perceptivo instaura tanto a uno como a otro participante, y es este hiato entre ambos el que funda la búsqueda incomable, imperfecta, del sujeto que tiende a la captación más adecuada de un objeto siempre incompleto.[11]

Por su parte, la psicología profunda ha brindado evidencia acerca de lo que implica "estar o habitar subjetivamente el cuerpo". Desde esta "perspectiva" venir dotado con una corporeidad orgánica, no implica "tener subjetivamente un cuerpo". El cuerpo habitado, agenciado subjetivamente es el cuerpo enunciativo que define este dominio de la experiencia humana.

El siguiente estrato *vincular-comunal* refiere al orden de las relaciones interpersonales, que caracterizan los vínculos primarios, mediados por marcas de inscripción simbólica. Un ejemplo paradigmático lo sería la inscripción en un sistema de parentesco. En este caso ya no hay referencias materiales o corporales que defina a alguien como "primo, padre, tío", etc. De modo tal que la experiencia *transindividual* del parentesco, requiere a su turno la inscripción *subjetiva* como su contraparte reproductivo-enunciativa. Quién enuncia con protagonismo subjetivo su posición como pariente (cualquiera sea ella) –reconoce *ipso-facto* el sistema total de relaciones en que esa posición puede definirse. Una vez más, se advierte que sólo bajo la condición de disponer de una representación interna del sistema como un todo, puede captarse el sentido que la enunciación particular actualiza.

---

[11] M.I. Flinich, *Enunciación*, Op.cit., p. 70.

En lo que respecta a la dimensión *político-estatal*, se implican allí los procesos de construcción e inscripción de ciudadanía. Nominarse como "argentino", por ejemplo, supone la inscripción en un colectivo, también simbólico, que es aún más abstracto e inmaterial que el del parentesco. Pero sólo puede protagonizarse enunciativamente esa experiencia si el sujeto integra su posición en el sistema de relaciones de los vínculos jurídico-políticos que la hacen posible.

Cuando la junta militar del gobierno de facto de Argentina, hizo circular aquel slogan que decía "Los argentinos somos derechos y humanos", hacía algo más –y algo muy distinto– que informar. Pretendía legitimar, validar, construir, identificar un colectivo de pertenencia, con el que se identificaba, instalando como destinatario de ese discurso a un "otro incluido" ("nosotros y ustedes argentinos…"). Pero también construía –discursivamente– un potencial anti-destinatario que ocupaba el lugar de quien podría poner en duda esa rectitud que el discurso proclamaba. Y aunque sabemos por los datos de la historia real que ese mensaje circuló cuando el gobierno enfrentaba denuncias internacionales por violación a los derechos humanos, el mensaje tenía autonomía significativa para quienes podían actualizar esas posiciones enunciativas que portaba en sí y por sí.

Los rasgos distintivos del "discurso político" han sido ampliamente estudiados por varios referentes del análisis discursivo; entre ellos por Eliseo Verón (1996) quién lo definió como discurso *adversativo*:

> La cuestión del adversario significa que todo acto de enunciación política supone necesariamente que existen otros actos de enunciación, reales o posibles, opuestos o propios. En cierto modo, todo acto de enunciación política *a la vez es una réplica y supone (o anticipa) una réplica.* Metafóricamente, podemos decir que todo discurso político construye también otro positivo, aquél al que el discurso está dirigido. En consecuencia, de lo que se trata en definitiva es de una suerte de *desdoblamiento que se sitúa en la destinación.* Podemos decir que el imaginario político supone no menos de dos destinatarios: un destinatario positivo y un destinatario negativo. El discurso político se dirige a ambos *al mismo tiempo.*[12]

Finalmente, el estrato *"asociativo-contractual"*, refiere a los contextos de asociaciones inter-individuales, al modo de las que el mercado hace posible. En

[12] E. Verón, *El discurso político,* Ed. Hachette, Buenos Aires 1996, p. 4.

este tipo de producciones discursivas se crean posiciones en las que el enunciador y el enunciatorio se instalan en condiciones de alteridad equivalentes. Es por eso que la identificación del mensaje requiere que se identifique el "pacto" al que el discurso convoca. De lo contrario éste se torna ininteligible. El discurso publicitario es una cantera inagotable de ejemplos en esta perspectiva.

Esta interlocución de "tu a tú" es propia del marco que proclama la librecontractualidad. Es un discurso *interpelativo* que instala al destinatario ya no como un colectivo (al modo del discurso político) sino como un referente singularísimo. La paradoja que se produce es que al mismo tiempo que se presenta como un discurso destinado a un destinatario singular, se dirige universalmente a todos. Es decir, es el "tú" que pasa de uno a otro, conforme cada destinatario lo actualiza.

El ejemplo en el que me detuve previamente, referido al anuncio comercial que dice: "Estamos para ayudarlo", sería un ejemplo característico de este formato discursivo.

Es interesante hacer notar también que, en campañas políticas destinadas a diluir la construcción colectiva, como las de corte neoliberal, los slogan tienden también a reproducir esta pauta enunciativa. Un ejemplo de ello es el que se promovió en una reciente campaña en Argentina, cuyo lema fue: "*En todo estás vos*". En este caso, pese a pertenecer a una campaña política, el discurso no remite a ningún colectivo de pertenencia. El destinatario se presenta como un sujeto singular –fin último y primero del mensaje–. Sin embargo, subyace también la idea de un anti-destinatorio, que sería el "nosotros de la político tradicional", representante –en este contexto– "de la vieja política". Estos mensajes son igualmente funcionales a la idea de que la política es una suerte de "prestación de servicios" y el ciudadano una suerte de "cliente" que elige su opción partidaria como si eligiera un "producto" de mercado.

A modo de conclusión

El examen precedente se ha propuesto vincular diversos temas en el marco de lo que se conoce como "teoría de la enunciación". El criterio rector de dicha articulación fue la propuesta de una teoría de la acción que incorpora nociones de la concepción egológica de Carlos Cossio y de los estratos de la sociabilidad propuestos por Samaja.

Desde ellos se pretendió precisar el alcance pragmático-social del concepto de enunciación, el que, parafraseando a Benveniste podría explicitarse diciendo que cuando el sujeto moviliza la lengua –por medio de un acto singular de apropiación– lo hace siempre en la perspectiva de una posición socialmente definida. O, para ser más precisa, lo hace "instalando –e instalándose como portador de– un lugar en una estructura translocutiva".

Por otra parte, como lo repetí insistentemente a lo largo de este escrito, no significa que ese lugar y esas posiciones deban estar materialmente dadas (como podría pensarse desde una posición empirista ingenua). Se requiere que sean social y discursivamente identificables. Se requiere que sea identificable el tipo de realidad social que ella invoca y que sean reconocibles las posiciones respectivas que deben actualizarse para captar o actualizar su sentido. Es precisamente allí –en esa actualización– donde es identificable el sujeto.

Y por lo mismo, no resulta suficiente tampoco el "uso empírico" de un cierto término para participar protagónicamente de una experiencia social. Se requiere de una genuina inscripción subjetiva en el mismo.

A partir de esta perspectiva podrían proponerse muy diversos enfoques para el análisis y la investigación positiva de la subjetividad. Por ejemplo, lo que podría definirse como una psicogénsis enunciativa: ¿cómo y con qué alcance se recorre el proceso por el que un sujeto se integra enunciativamente en el orden *comunitario, político o económico*?[13]

Se abre también la posibilidad de evaluar y discriminar los alcances con los que los distintos actores *participan subjetivamente* de cada una de esas experiencias, una vez están inscriptos en ellas.

De igual modo, y concomitantemente, se podrían precisar los rasgos característicos que definen "al aparto formal de la enunciación" en cada uno de los estratos de la sociabilidad que hemos propuesto –los que resultarían también convergentes con una teoría de la subjetividad afín a la perspectiva *egológica* de Cossio comentada.

En síntesis, y en el marco de todas estas consideraciones, el objetivo de este trabajo ha sido el de proponer criterios ordenadores para esas potenciales indagaciones.

---

[13] Cfr. J. Samaja, Pautas sociales en la formación de la inteligencia humana. La investigación de la experiencia jurídica infantil en relación con las adquisiciones psicogenéticas, Buenos Aires, Facultad de Ciencias Sociales, Universidad Nacional de Lomas de Zamora, 1988. También "La justicia, como prehistoria de la equilibración cognitiva." (El enfoque jurídico y la comprensión de "la abstracción reflexionante"). Ponencia presentada para las VI Jornadas de Investigación en Psicología, Buenos Aires, Facultad de Psicología-UBA, 2000 (Inédito).

PARA UNA ÉTICA DE LAS RUPTURAS Y DE LAS "CONVERGENCIAS"

Amamos la vida no por hábito de vivir, sino por hábito de amar. Hacia una ciencia "jovial" del animal

Mónica B. Cragnolini[1]

Es casi innegable que el trabajo filosófico foucaultiano parece inspirado en el parágrafo 7 del libro I de *La ciencia jovial*, titulado "Algo para laboriosos". En ese parágrafo Nietzsche despliega un "*programa de trabajo*" para la nueva ciencia "jovial", programa que indica que es necesario, entre otras cosas, rastrear y repensar las pasiones a nivel individual, social e histórico, hacer una historia del amor, de la envidia, de la crueldad, del derecho y del castigo, escribir "una filosofía de la nutrición"; recopilar las experiencias de conventos, del matrimonio y de la amistad, las costumbres de distintos grupos profesionales, etc. Como en la obra se hace referencia a una "historia natural del animal", considero que la continuación del *trabajo científico* que se plantea para los genealogistas nietzscheanos de hoy tiene que ver con esa historia, y el modo en que la vinculación con el animal se ha asociado con los aspectos más crueles de un ideal ascético exacerbado en una ciencia que se plantea como objetivo "sajar la vida". En este sentido, plantearé la idea de una *historia del animal* desde una perspectiva genealógica, asumiendo que la "*tarea para laboriosos*" que se torna pregnante en esta época de deconstrucción del humanismo, se vincula con el análisis, la crítica y la denuncia de aquellos prejuicios humanistas que siguen formando parte *naturalizada* de nuestro vínculo con los animales. Ya en *Humano, demasiado humano II* Nietzsche había indicado que se podría estudiar la génesis de la moral desde el modo en que el hombre trata a los animales.[2]

---

[1] Universidad de Buenos Aires. (Argentina) - Investigadora del Conicet.

[2] F. Nietzsche, *Menschliches, Allzumenschliches II, Der Wanderer und sein Schatten*, § 57, *KSA* 2, pp. 577-578 (las obras de F. Nietzsche se citan como *KSA* a partir de las *Sämtliche Werke. Kritische Studienausgabe in 15 Bänden*, Hrsg. von G. Colli und M.Montinari, Berlín-New York, Walter de Gruyter, 1980), trad. *Humano demasiado humano*, trad. A. Brotons Muñoz, Madrid, Akal, 1996, p. 140.

Hacer una "historia de los animales"[3] supone entonces reescribir la historia de la moral en términos del sacrificio de la vida, y pensar, también, otros modos de vinculación con lo viviente desde la idea nietzscheana de que se ama la vida no por hábito de vivir, sino por hábito de amar.

Qué es la ciencia jovial, y por qué la ciencia debería ser alegre

En otro lugar[4] me he referido al modo en que la ciencia jovial puede ser pensada como el proyecto de una ciencia generosa y alegre, frente al modelo de ciencia que exacerba el ideal ascético y "saja la vida". Este último modelo científico, que aspira "llegar al fondo" de la realidad, considera al intelecto una instancia complicada pero garantizadora de seriedad (la seriedad del que cree ser profundo cuando, como dice Zarathustra, no está haciendo otra cosa que intentando pescar en sucios pantanos):

> Para la mayoría de los hombres el intelecto es una máquina pesada, sombría, rechinante, que cuesta poner en movimiento: cuando quieren trabajar y pensar bien con esta máquina, lo llaman "tomar en serio el asunto" –¡oh, cuán fastidioso tiene que serles el pensar bien! Tal como parece, la amada bestia hombre pierde su buen humor cada vez que piensa bien: ¡se pone "serio"! Y "en donde hay risa y jovialidad, nada vale allí el pensar" –así suena el prejuicio de esta bestia seria en contra de toda "ciencia jovial" ¡Pues bien! ¡Mostremos que es un prejuicio![5]

La ciencia "seria" de la que es representante el científico que aparece en la cuarta parte de *Así habló Zarathustra* es la ciencia mezquina que aprovecha (y goza) esa autocontradicción de la vida que se expresa en el ideal ascético, y que se vincula con lo vital en términos de negación y sacrificio: la vida es, para esta ciencia, lo que debe ser herido, sajado, viviseccionado. La vida puede ser viviseccionada si se piensa que lo viviente no humano no sufre o no siente. La vivisección se convierte en el método de estudio de la vida en la época mo-

---

3 A lo que se agrega la tarea de leer las múltiples "historias de los animales" que existen, comenzando por Aristóteles, Claudio Eliano, y tantos otros.

4 Véase M. B. Cragnolini, "La ciencia jovial: un ejercicio del derroche frente a la "guerra santa" contra el animal", en *Nómadas, Revista de la Universidad Central*, Bogotá, Colombia, N° 37, octubre 2012, pp. 146-155.

5 F. Nietzsche, *Die Fröhliche Wissenschaft* (en adelante, *FW*), § 327, *KSA* 3, p. 555, trad. al español, *La ciencia jovial. La gaya scienza*, trad. J. Jara, Caracas, Monte Ávila, 1985, pp. 187-188.

derna desde el modelo mecanicista aplicado a lo viviente, modelo que supone que lo vital opera de manera automática, por simple reacción.[6] El hombre del ideal ascético es el que goza de este sufrimiento que es parte de la vida misma, y además, lo observa como espectáculo. Por el contrario, la ciencia jovial se queda en las superficies, en los pliegues, ama la "epidermidad":

> Todos los hombres profundos consideran como su felicidad el imitar alguna vez al pez volador y jugar sobre lo más alto de la cresta de la ola, ellos aprecian como lo mejor de las cosas que éstas tengan una superficie: su epidermidad [*Hautlichkeit*]– *sit venia verbo*.[7]

El hombre profundo es, entonces, aquel que sabe, como los griegos, mantenerse danzando en la superficie, y logra hallar felicidad en el juego. ¿En qué puede contribuir a esta idea de ciencia jovial del hombre epidérmico el hacer la "historia de los animales"?

En el parágrafo 354 de *La ciencia jovial* Nietzsche señala que, "la fisiología y la historia de los animales" (*Physiologie und Thiergeschichte)* [8]se tornan necesarias, sobre todo para desembarazarnos del prejuicio de la conciencia, porque "la vida entera sería posible sin que, por así decirlo, se viese en el espejo". La conciencia, ese límite fundamental entre el hombre y los animales para toda postura humanista, se desvela como innecesaria: sólo sirve, de algún modo, al narcisismo humano. Y allí se indica también que "el hombre, como toda criatura viviente, piensa continuamente pero no lo sabe".[9] Esta idea nos remite inmediatamente al "Es denkt" (ello piensa)[10] que aparece en *Más allá del bien y del mal*,[11] para darle un golpe de gracia a toda idea de subjetividad (sea en el

---

[6] En este sentido, en la V parte del *Discurso del Método*, Descartes plantea este modelo de estudio para los animales, lo que ya estaba presente en la *Antoniana Margarita* de Gómez Pereira, obra a la que me referiré más adelante.

[7] F. Nietzsche, *FW* § 256, *KSA* 3, p. 517, trad. op. cit. p. 154 (traduzco "Hautlichkeit" como "epidermidad" en lugar de "piel", como hace Jara). "Hautlichkeit. – Alle Menschen der Tiefe haben ihre Glückseligkeit darin, einmal den fliegenden Fischen zu gleichen und auf den äussersten Spitzen der Wellen zu spielen; sie schätzen als das Beste an den Dingen, –dass sie eine Oberfläche haben: ihre Hautlichkeit – sit venia verbo.

[8] F. Nietzsche, *FW* 354, *KSA* 3, p. 590; trad. op. cit., p. 217.

[9] F. Nietzsche, *FW* § 115, *KSA* 3, p. 474, trad. op. cit., p. 218.

[10] Desarrollo este tema en "Ello piensa: la "otra" razón, la del cuerpo", en J. C. Cosentino y C. Escars (comp.) *El problema económico. Yo-ello-super-yo-síntoma*, Buenos Aires, Imago Mundi, 2005, pp. 147-158.

[11] F. Nietzsche, *Jenseits von Gut und Böse* (en adelante, *JGB*) §16, *KSA* 5, p. 29, trad. al español, *Más allá del bien y del mal*, trad. A. Sánchez Pascual, Madrid, Alianza, vs. eds., pp. 36-37.

modo del "yo pienso", sea en el modo del "yo quiero"), que se cree productora de pensamientos, voliciones, realidades. Dos aspectos a tener en cuenta en este punto: por un lado, se desestima el lugar del viviente humano como dueño y dominador de todo lo vivo, en tanto se señala que, de alguna manera, no es más que un viviente que gusta de reflejarse en su propia yoidad, ámbito al que llama conciencia. Narcisismo humano que recibe otro golpe cuando se dice que "todo lo viviente piensa". Por ello, cuando en el §115 se señalan los cuatro errores que dan lugar a la creencia en la "humanidad" se indica:

> El hombre ha sido educado mediante sus errores: en primer lugar, él siempre se veía a si mismo sólo de manera incompleta, en segundo lugar, se adscribía propiedades imaginarias; en tercer lugar, se sentía a sí mismo como una falsa jerarquía con respecto a los animales y a la naturaleza [*in einer falschen Rangordnung zu Thier und Natur*]; en cuarto lugar, él siempre inventó nuevas tablas de valores y se consideró a sí mismo durante un largo tiempo como eterno e incondicionado [...] Si uno descuenta el efecto de estos cuatro errores, entonces se elimina lo humano, la humanidad y la "dignidad humana" [*Humanität, Menschlichkeit und "Menschenwürde"].*[12]

Nietzsche está mostrando de qué manera la idea de humanidad se forja a partir de la elevación de un modo de ser que se jerarquiza frente al resto de lo viviente, creando escalas de valoración que enaltecen lo humano por sobre las otras modalidades de lo vivo. Por ello indica que el "hombre no es ningún progreso con respecto al animal",[13] y suele caracterizar al primero como "animal doméstico" (*zahme Thiere*),[14] animal enfermo, lisiado, que tiene buenas razones para ser doméstico [15] ya que es "animal de rebaño" (*Heerdenthier*).

De alguna manera, al indicar esto –la posibilidad de pensar de todo lo vivo – Nietzsche se ha adelantado a las conclusiones que han surgido a partir de los múltiples trabajos de etólogos desde fines del siglo XIX, que evidenciaron de qué manera los límites establecidos entre los humanos y los animales, en términos de lenguaje, capacidad de simulación, pensamiento, etc., se han ido

[12] F. Nietzsche, *FW* § 115, *KSA* 3, p. 474, trad. op. cit., p. 109.

[13] "Der Mensch ist kein Fortschritt gegen das Their", *Nachgelassene Fragmente [NF]Frühjahr 1888,* 15[8], *KSA* 13, p. 409.

[14] F. Nietzsche, *FW* § 352, *KSA* 3, p. 588; trad. op. cit., p. 215.

[15] F. Nietzsche, *FW* § 352, *KSA* 3, p. 588; trad. op. cit., p. 216.

deconstruyendo. La etología y sus derivaciones en los *Animal Studies* han significado un duro golpe para ese hombre científico de la seriedad que goza hiriendo a la vida, a partir de la autopresunción de su superioridad en la autoconciencia, que lo habilita para ejercer ese poder.

Tortura y tratamiento del animal

Por otro lado, el hombre que se queda en la superficie, que ama la epidermidad, no quiere "arrancarle secretos" a la vida, no intenta herir para encontrar en lo profundo la verdad. Antes mencioné la vivisección, y hay que tener presente la cercanía entre esta idea y la de tortura. El torturador (de humanos o de animales) desea encontrar el secreto que esconde el viviente al que ha observado y vigilado, y por eso lo hiere en su carne, y goza con el espectáculo que le ofrece quien está en esa condición de torturado. Se realice en nombre del orden o del progreso, la tortura implica siempre el goce del verdugo en la visión del dolor del otro y la justificación teleológica de la crueldad. Así se construye la civilización-domesticación (*Civilisation-Zähmung*): con "todo tipo de hierros y torturas para sostenerse frente a la atrocidad (*Furchtbarkeit*) y la naturaleza de animal depredador."[16]

Nietzsche ha aproximado los métodos de la ciencia que hiere la vida y la tortura cuando señala: "Que el amor se parece a una tortura o a una operación quirúrgica. Que de la pareja uno es siempre el verdugo o el cirujano"[17]. También, comentando a Baudelaire, ha señalado ese placer que provoca el espectáculo del dolor del otro, refiriéndose a la pena de muerte, e indicando de qué manera se necesita que el condenado a muerte esté consciente:

> En lo que atañe a la tortura, procede de la *partie infâme du coeur de l'homme* [parte infame del corazón del hombre], que está sedienta de voluptuosidad. *Cruauté et volupté* [crueldad y voluptuosidad], sensaciones idénticas [...].[18]

[16] *NF November 1887 – März 1888*, 11 [153], KSA 13, p. 72.

[17] *NF 1887-1888*, 11[174], *KSA* 13, p. 77, versión al español en F. Nietzsche, *Fragmentos Póstumos (1885-1889)*, Volumen IV, edición española dirigida por D. Sánchez Meca, trad. J. L. Vermal y J. B. Llinares, Madrid, Tecnos, 2006, p. 414.

[18] *NF 1887-1888*, 11[197], *KSA* 13, pp. 81-82, trad. op. cit., p. 418. "Was die *Tortur* betrifft, so stammt sie aus der partie infâme du cœur de l'"homme, welche Durst nach Wollust hat. Cruauté et volupté, identische Sensationen, wie die extreme Hitze und der extreme Frost".

Por eso "la historia de la filosofía es una furia secreta contra los presupuestos de la vida, contra los sentimientos de valor de la vida, contra el tomar partido a favor de la vida."[19]

Excursus: un breve fragmento de la historia de los animales

En este sentido, y desde este contexto de ideas, quisiera hacer referencia a un breve fragmento de esa posible historia de los animales que señalé como tarea legada por Nietzsche a los genealogistas nietzscheanos del presente. Esta historia es una tarea ciclópea, que ya ha sido iniciada por varios autores,[20] sobre todo en relación a la filosofía, pero que comprende, además, un registro de los modos de tratamiento de los animales en las distintas épocas de la historia, en consonancia con las formas en que la ciencia ha dado cuenta en cada momento del modo de ser de la vida animal.

El fragmento de la historia al que me quiero referir se ubica cien años antes del inicio –según diversos intérpretes– de la polémica en torno al animal, el momento cartesiano, y la concepción de la *bête-machine*. El *Discurso del método*, que alude a la teoría del animal como autómata en su V parte, fue publicado en 1637, y con posterioridad, entre 1650 y 1780 el tema fue tratado de manera explícita por muchísimos autores, y aludido por tantos otros.

Antes de la caracterización del animal como autómata que aparece en el *Discurso del Método*, un médico español, Gómez Pereira, había sostenido, en el siglo XVI, una teoría aún más radical. En su *Antoniana Margarita, obra no menos útil que necesaria, que trata sobre temas físicos, médicos y teológicos*, que se editó en 1554 en Medina del Campo,[21] había afirmado que los animales ni siquiera sienten, porque el sentir ha de vincularse con la reflexión, y entonces, en aquellas conductas que parecen indicar un sentir por parte de ellos, hay que pensar en reacciones, productos de la memoria, hábitos, o bien instinto natural. Operando por reducción al absurdo, Gómez Pereira va mostrando cómo los argumentos que quieren atribuir sentir a los animales son inadecuados, ya

[19] *NF Frühjahr 1888*, 14 [134], *KSA* 13, pp. 318-319, trad. op. cit., p. 570. "Die Geschichte der Philosophie ist ein heimliches Wüthen gegen die Voraussetzungen des Lebens, gegen die Werthgefühle des Lebens, gegen das Parteinehmen zu Gunsten des Lebens".

[20] Me refiero *inter alia*, a los trabajos de E. de Fontenay, A. Mizuta Lippit, B. Buchanan, M. Calarco.

[21] En su Carta a Mersenne del 23 de junio de 1641; A. T., (Ch. Adam, P. Tannery, Oeuvres de Descartes, vols. I-XII, Paris, J. Vrin/C.N.R.S), III, p.386, Descartes niega haber leído la obra de Gómez Pereira.

que una vez "concedida la sensibilidad a los brutos, hay que concederles la conciencia. Conocerán que ven, conocerán que oyen, podrán juzgar de sus propios actos y distinguir los accidentes de la sustancia."[22] Y si esto aconteciera, habría que admitir que los brutos tienen alma.[23] Hay en el texto de Gómez Pereira un argumento sumamente llamativo, bajo el título "Si los brutos sintieran, desaparecía toda la bondad de la naturaleza"[24], en el cual se argumenta que si los animales sintieran como nosotros, tendríamos que admitir que los hombres, en todas partes, obran de manera inhumana y cruel, porque:

> ¿Qué cosa hay más atroz que ver a las acémilas, sometidas a pesadas cargas que transportan en largos viajes, caer por la acción de los golpes, y sufrir por el pinchazo cruel de púas de hierro, mientras la sangre mana de sus heridas, profiriendo abundantes gemidos y solicitando misericordia con determinadas voces –si es que se puede evocar el estado de ánimo por los gestos? Hay, además, otra crueldad que consideramos tanto más atroz como frecuente. Y es que el tormento de los toros perseguidos alcanza la cima de lo cruel cuando son heridos por pértigas, espadas y piedras– ya que no hay otra práctica humana con la que la vista del humano se deleite tanto como con estas acciones tan vergonzosas, incluso pareciendo que la bestia pide la libertad con mugidos suplicantes.[25]

El argumento, que desplaza el problema del sentir animal a la dificultad de atribuir inhumanidad a los hombres, y por ello concluye que los animales no podrían sentir, es un elemento clave para comprender ese efecto de desplazamiento constante que se ha hecho, a lo largo de la historia del pensamiento, de la cuestión animal en dirección de las necesidades humanas. En esta argumentación, es por la necesidad humana "de ser humanos" que se concluye que los animales no sienten, y no por alguna cuestión que ataña a los animales mismos.

Pierre Bayle, en su *Dictionnaire Historique et Critique*,[26] señala que la obra de Gómez Pereira pasó desapercibida y nadie se preocupó de refutarla, sin em-

---

22 G. Pereira, *Antoniana Margarita,* reproducción facsimilar de la ed. de 1749, estudio preliminar y versión al español de J. L. Barreiro Barreiro, Compostela-Oviedo, Universidad de Santiago de Compostela, Fundación Gustavo Bueno, 2000.

23 El texto está escrito básicamente contra Aristóteles como fuente de autoridad.

24 G. Pereira, *Antoniana Margarita,* Op.cit., p. 9.

25 Ibíd., p. 9.

26 P. Bayle, *Dictionnaire Historique et Critique*, Facsimil de la edición de Paris, Desoer, 1820-1824, en www.gallica.bn.fr

bargo, otro médico, Francisco de Sosa publicó en 1556 (dos años después de la publicación de la *Antoniana Margarita),* también en Medina del Campo, el *Endecálogo contra Antoniana Margarita, en el cual se tratan muchas y muy delicadas razones, y autoridades con que se prueba, que los brutos sienten y por sí se mueven.*[27] Esta obra, poco citada y casi no tenida en cuenta, presenta una crítica al texto de Gómez Pereira mediante un diálogo entre diversos animales, Mercurio y Júpiter. Son interlocutores "Jimio", "Murciégalo", Cocodrilo, León, Águila, Ballena, Elefante, Júpiter, Mercurio, el lobo, Momo. Los animales se reúnen para denunciar a un filósofo que, según indican, vuelve a presentar opiniones que estaban sepultadas, como las de Crisipo.[28] El texto es una invectiva alegre e irónica contra las doctrinas de Pereira, y ese carácter alegre (que llevó a excluirla del ámbito de las obras que pueden llegar a refutar a otras, de allí que para Menéndez Pelayo sea sólo un "juguete polémico" en relación al texto que critica), es lo que me interesa destacar: por su escritura, su estilo, sus diálogos, podría decirse que es un ejercicio de "ciencia jovial" frente a la ciencia seria (pero confusa) de Pereira. Y de Sosa da voz, entonces, a muchos interlocutores (de allí que use el numeral griego *héndeka*, y no el término "diálogo" para referirse a su obra, que reúne a once dialogantes), generando una polifonía de voces, precisamente de aquellos que Gómez Pereira señala que no tienen voz. Y son los animales reunidos los que deciden elevar una denuncia a Júpiter:

> [...] un hombre se ha levantado, y, campeando por los deleitosos jardines de la filosofía, dice y se jacta él solo haber hallado un maravilloso secreto de naturaleza, hasta ahora a todos los hombres del mundo, cuanto quiera fuesen singularísimos filósofos, ascondido (sic). El secreto es que ningún bruto siente ni por sí se mueve, porque afirma que ni vee (sic), ni oye, ni huele, ni palpa, ni gusta; y no teniendo algunos destos (sic) sentidos exteriores ni el sentido común interior, que asimismo los quita, infiere que ningún bruto se puede mover por sí. Y dice que, si parece que ven (sic),

---

[27] La obra se encuentra en A. Vian Herrero *(ed.), Diálogos españoles del renacimiento*, Edición general, estudio preliminar y cronología de A. Vian Herrero, Almuzara, Toledo, Biblioteca de literatura universal, 2010, y el *Endecálogo* (pp. 523-582) tiene introducción, edición y notas de P. Cátedra García.

[28] Crisipo, en realidad, no emitió opiniones contra los animales (es más, afirmó que la naturaleza era racional y que su perro razonaba pero "hacia adentro", como si fuera un hombre mudo, y que cada animal realizaba una acción útil para el hombre), pero dio de beber vino a su burro, y según cuenta la leyenda, cuando éste se emborrachó, intentó comer higos con espinas, generando una gran risa en su dueño (que le causó la muerte, de allí, se dice, viene la expresión "morirse de risa"). Tal vez sea por esta anécdota que se lo recuerda como alguien que consideraba que los animales no sienten.

> que no ven (sic); y si parece que oyen, que no oyen. Y así de los otros sentidos. Y que si parece que se mueven, que no se mueven, sino que son movidos. Estas cosas, allende de ser vanidades, son las más perjudiciales e injuriosas que a los brutos venir los podía, porque quedan hechos como piedras, o, mejor librar, como plantas.[29]

Frente a esta doctrina, los animales (que afirman tener ánima viviente) solicitan a Júpiter, mediante una demanda completa, con sus alegatos y argumentos, la condena de Gómez Pereira. Piden al dios que "le condene a que públicamente se desdiga de todo aquello que en perjuicio de los brutos animales ha dicho, poniéndole de aquí adelante perpetuo silencio , que no hable más en cosa de que algún perjuicio los pueda venir."[30] Júpiter envía a Mercurio a la tierra para recabar información acerca de "si hay algún hombre tan insano y loco que diga que los brutos no sienten ni por sí se mueven."[31] Mercurio entra en contacto con Momo, que le señala que se convirtió en raposo (zorro) por vergüenza ante las acciones de los humanos, y también por haber leído la *Antoniana Margarita*, queriendo probar con su experiencia si eran verdaderas sus afirmaciones en torno a los animales. Y es desde su experiencia como zorro que Momo puede refutar a Gómez Pereira, ya que , como señala, en tanto zorro se mueve cuando quiere, va a buscar comida cuando siente hambre, sabe dónde encontrarla y no es llevado allí de manera mecánica, sino que puede discernir cuál es el mejor alimento en las mejores circunstancias. Pero, además, Momo desarrolla las cuatro razones que Pereira expone para explicar la conducta de los animales, y muestra que estas razones son incompatibles con la idea de que no sienten.

La sentencia de Júpiter, a partir del informe de Mercurio, auxiliado por Momo, señala que el libro debe ser sepultado en los infiernos, y se deja testimonio no sólo de que los animales sienten, sino también de que varias veces su obrar a partir de sus sentidos es más agudo que el de los humanos, y excede a menudo el mismo entendimiento humano. Mercurio comunica la sentencia a los animales, que le piden que no sólo se la notifique al médico, sino también la haga pública en los distintos países en que fue difundida su obra. El médico es notificado, y por supuesto, apela la sentencia.

---

[29] F. de Sosa, *Endecálogo...*, en Ana Vian Herrero (ed.), *Diálogos españoles del renacimiento*, op. cit., p. 544.

[30] Ibíd., pp. 546-547.

[31] Ibíd., p. 548.

La obra es un ejercicio de ironía, que pone en ridículo las tesis de Gómez Pereira desde la voz, la argumentación, la decisión y las acciones de aquellos que para el autor ni siquiera sienten. Una performativización del absurdo de una teoría, mediante una escritura jovial que se contrapone a la seriedad de la pesada máquina argumentativa de Gómez Pereira, máquina que se empantana más de una vez al querer demostrar el mecanicismo animal.

Celebrar la vida

Este breve fragmento de la historia de los animales patentiza esa ·lógica de sumisión de lo viviente, como la ha denominado Derrida, que piensa siempre al animal a partir de las necesidades de la subjetividad, exaltando el carácter de la conciencia como prerrogativa humana. Frente al modelo espejante de la subjetividad que necesita reflejarse en la autoconciencia, Nietzsche rescata a Epicuro:

> Sí, estoy orgulloso de sentir de una manera diferente a la de cualquier otro el carácter de Epicuro [...] –veo a su ojo mirar hacia un mar amplio y blanco, por encima de acantilados en los que reposa el sol, mientras que animales pequeños y grandes juegan en su luz [...]. Sólo alguien que sufre continuamente ha podido inventar tal felicidad, la felicidad de un ojo para el cual el mar de la existencia se ha quedado en calma, y que ahora ya no podría saciarse de mirar su superficie (*Oberfläche*)y la multicolor, delicada, estremecida piel del mar (*Meeres-Haut*): nunca antes hubo tal modestia de la voluptuosidad.[32]

De alguna manera, la figura de Epicuro observando a los animales que retozan en el mar, en la superficie, en la piel, muestra el modo de ser de la ciencia jovial frente a la vida: sin querer intervenir para arrancarle su secreto, "dejando ser" a lo que es. Sin deseo de apropiación, como la virtud que se da del ultrahombre, la que ni siquiera hace el gesto de la dación, en un cuidado de la vida como modo de dejar ser al otro.

Ese vínculo con todo lo viviente que postula la ciencia jovial, no puede ser pensado en términos de "caridad hacia los animales" (en parte, el modelo de vinculación con lo viviente propio de las sociedades protectoras de animales que comienzan a nacer con la revolución industrial, pero tienen su mayor

[32] F. Nietzsche, *FW* § 45, *KSA* 3, p. 422, trad. op. cit., pp. 58-59.

desarrollo durante el siglo XIX), ya que Schopenhaueriana es la prédica de Wagner respecto de la caridad hacia los animales; en lo que Voltaire fue, como es sabido, un precursor de Schopenhauer en la medida en que, como sus sucesores, supo convertir en caridad para con los animales su odio hacia ciertas cosas y hacia ciertas personas.[33]

No se trata de caridad, entonces, sino de amor. El amor es, para Nietzsche, amor de lo diverso, por eso se indica que el monótono-teísmo (*Monotono-Theismus*) es la gran fuente de regularización y fijeza (la creencia en un dios único tuvo que considerar falsas a las otras divinidades),[34] y por eso también el cristiano sólo puede ejercer la caridad, el amor al prójimo (al igual) y no el amor en el que está pensando Nietzsche, amor de la diferencia de lo vital. Y a amar de este modo, que deja ser a lo que es, hay que aprender, porque la moral nos ha habituado a ese otro amor, al amoroso cuidado apropiativo del otro. De este aprendizaje de esta otra forma de amar habla el parágrafo 334 de *La ciencia jovial*, cuando lo vincula con el aprendizaje del amor a la música, indicando de qué manera hay que aprender a oír una melodía, con su extrañeza, y teniendo paciencia mientras se expresa, y ternura hacia su singularidad:

> Esto no nos ocurre sólo con la música; es precisamente la forma en que hemos aprendido a amar todo lo que ahora amamos. Siempre acabamos siendo recompensados por nuestra buena voluntad, nuestra paciencia, nuestra equidad, nuestra dulzura hacia lo extraño (*Sanftmüthigkeit gegen das Fremde*), cuando lo extraño se va quitando el velo poco a poco ante nosotros y acaba ofreciéndosenos como una belleza nueva e inefable. Es la forma que tiene de agradecernos nuestra hospitalidad (*Gastfreundschaft*). Quien se ama a sí mismo habrá llegado a ello por este camino, no hay otro. El amor debe también aprenderse (*Auch die Liebe muss man lernen*).[35]

Conclusión: el amor al extraño

Hacer la historia de los animales permitirá entender, entre otras cuestiones, la genealogía de la idea de humanidad, con esos errores antes señalados que llevaron a entronizar un modo de ser por encima de lo viviente. Esa genea-

[33] F. Nietzsche, *FW* § 99, *KSA* 3, pp. 453-457.

[34] F. Nietzsche, *FW* § 143, *KSA* 3, p. 490, trad. pp. 123-124.

[35] F. Nietzsche, *FW* § 334, *KSA* 3, pp. 559-560, trad. p. 192.

logía muestra de qué modo la autoconciencia es un espejamiento narcisista innecesario para la vida, y derriba uno de los aspectos de la entronización indicada, al mostrar que el pensamiento no está vinculado a la reflexión, y entonces "Ello piensa" o "toda criatura viviente piensa". Y acceder a esta idea pone en jaque otro de los aspectos atribuidos al pensamiento, el vinculado con la profundidad y el acceso a los secretos. Esos secretos se extraen hiriendo a la vida, como hemos indicado en la cercanía indicada entre torturadores, científicos, y todos aquellos que están implicados en el "tratamiento" de los animales. Por lo tanto, la ciencia jovial de la epidermidad ama la superficie, y puede gozar con el espectáculo de la vida sin necesidad de espectacularizarla en los modos de investigación incisiva e hiriente de lo vital. Ese amor, como señalamos, se aprende, porque hay que saber ser dulce, hospitalario y paciente con la singularidad, y con la extrañeza del otro. Sobre todo, de ese otro extraño, tan extraño, que es el animal.

Nietzsche y Derrida no andan detrás de los matorrales y van adonde no saben que van. La Tesis y dos filósofos

Horacio Potel[1]

Al menos desde que Nietzsche nos advirtiera que es la gramática la que nos mantiene bajo el yugo metafísico, no podemos permitirnos –los que pretendemos seguir su herencia– pensar los instrumentos de producción de la filosofía como independientes y puros. Este pensamiento, como todos saben, constituye lo que Derrida designa como *Logocentrismo*. Trataremos entonces, a la luz de estos filósofos, de estudiar los mecanismos académico-institucionales de Tesis. Lo que intentamos ver es hasta qué punto estos protocolos científico-técnico-académicos sirven a la producción de filosofía, o por el contrario la desvían hacia el conocimiento técnico-científico trabando la producción del acontecimiento del pensar.

En 1873 Nietzsche escribe:

> Si alguien esconde una cosa detrás de un matorral, a continuación la busca en ese mismo sitio y, además, la encuentra, no hay mucho de qué vanagloriarse en esa búsqueda y ese descubrimiento; sin embargo, esto es lo que sucede con la búsqueda y descubrimiento de la "verdad" dentro del recinto de la razón.[2]

En 1980 Derrida recordaba esta historia de 1966:

> Tras algunas observaciones amistosas sobre la conferencia que yo acababa de pronunciar, Jean Hyppolite añadía: "Aparte eso, verdaderamente no veo adónde va usted». Creo haberle contestado poco más o menos lo siguiente: "Si viese claramente, y por anticipado, adónde voy, creo realmente que no daría un paso más para llegar

---

[1] Universidad Nacional de Lanús. (Argentina)

[2] F. Nietzsche, *Sobre verdad y mentira en sentido extramoral*, Madrid, 1998, Ed. Tecnos, p. 28.

> allí". Quizás pensé entonces que saber adónde se va puede indudablemente ayudar a orientarse en el pensamiento, pero no ha hecho jamás dar un paso, todo lo contrario. ¿Para qué ir adonde se sabe que se va y adonde se sabe uno destinado a llegar?[3]

En los dos casos se habla de *círculos*, el *círculo* del que encuentra la cosa que puso donde está, para volver a esconderla ahí donde sabe que él la puso; el otro círculo, el mismo círculo del que sabe dónde estará y como será porque ya lo vio, ya lo conoce, ya lo pensó, ya lo pro-gramó. Si no salgo de *mi círculo* no puedo conocer nada. Lo otro a conocer no se da a conocer más que como otro, fuera de mi círculo de apropiación, fuera de *mí sí mismo*. Con la puerta y las ventanas cerradas de *mi* casa, si tal cosa fuera posible, no conozco nada porque no me relaciono a nada, más que a mi diseño aterrado que trata de repetir, sin cambio, el diseño de lo que creo ser para tratar en cobarde gesto inútil de frenar lo diferente, lo por-venir. Inútil porque eso otro que quiero negar me constituye desde antes que sea. Porque esa mismidad que trato de proteger de la alteridad está contaminada desde siempre.

Por ejemplo: parecería que el avaro es el incapaz de dar. Encerrado en sí mismo construiría una pared, un cerco, un búnker, una cripta en donde encerrar sus tesoros, en donde encerrar su *sí mismo avaro*, parecería... Pero, ahora bien, estos tesoros que atesora el avaro: ¿de dónde vienen? ¿De dónde sale eso que guarda con tanto afán?

Si el avaro no es el Dios de la ontoteología, es decir, si el avaro no es *causa sui*, inegendrado, completo, lleno, perfecto y puro, esos tesoros deben haber sido obtenidos de otro lado que no sea la cripta, el búnker, el encierro del avaro; deben de proceder por tanto de allende las fronteras de su mismidad.

El avaro necesita, pues, de lo que está afuera de su encierro, más allá de sus fronteras, para poder ser así avaro, necesita de eso otro que no tiene, y lo necesita desde el primer momento. No es que sólo lo necesita para acrecentar su tesoro, necesita de lo otro para poder ser aún antes de ser avaro, necesita de lo que no tiene para tener, atesorar y no dar, o al menos intentar no dar. Necesita de lo otro, de lo que no es él para ser él, su avaricia necesita apropiarse de eso que no le pertenece, debe afanarse para que entre algo de lo otro en su más profunda mismidad, para poder aspirar a ser él mismo. Es decir que el avaro

---

[3] J. Derrida, "El tiempo de una tesis: puntuaciones", en *El tiempo de una tesis. Deconstrucción e implicaciones conceptuales*, Barcelona, Proyecto A Ediciones, 1997, pp. 13.

está habitado desde siempre por lo que no le pertenece, por lo que él no es, por otro que es a la vez su riqueza y la segura fuente de su ruina.

La avaricia perfecta, la avaricia *pura* no puede entonces nunca constituirse, porque desde el primer momento está habitada por lo que no es, por un *exceso* que es justamente su contario, pero al que está ligada de manera irreductible. Con lo cual ya se sentenció el fracaso de la avaricia. El avaro necesita tomar, apropiarse del otro, pero esa apropiación nunca puede ser completa, es necesario que la apropiación falle, que reste siempre algo de alteridad, para que el mecanismo de la avaricia pueda seguir funcionando.

La avaricia pura, si la hubiera, sería el cierre total en la totalidad del todo. El avaro se convertiría en el UNO, en el TODO, privado de toda alteridad, de toda diferencia, inmóvil a falta de espacio, incrustado en el instante sin tiempo de una eternidad eternamente presente, eternamente igual, eternamente la misma. El Todo es lo que no tiene *exceso, el Todo no da.* El avaro, ahogado, oprimido en su sí mismo, ya no sería ni siquiera un avaro; no tendría nombre, porque sería todos los nombres o la falta de todos ellos, ya que no hay nada que nombrar en el Todo. Avaro sin afán posible, ya que no podría apropiarse de ninguna alteridad, sin nada que atesorar porque no hay nada ni nadie que le pueda quitar ni dar nada. Porque la avaricia perfecta, o la totalización del Todo, sería a la vez que la muerte del avaro, la muerte del afuera, la muerte del otro –por el cual el avaro era–, el otro dejaría de ser otro para ser el mismo, o lo que es lo mismo, él mismo dejaría de ser el mismo para pasar a ser el otro, con lo cual ya no habría ni mismo ni otro: sólo Todo. Ni avaro ni tesoro: Todo.

Desde el origen no originario el otro y el mismo se constituyen deconstituyéndose. Si el otro es la condición de posibilidad de mi sí mismo, desde siempre ya, si en todo momento, mi yo está en falta, carenciado, necesitado, de lo que él no es, de su pro-tesis, de un suplemento que le permita ser *él* mismo su sí mismo. Entonces éste sí mismo no puede ni completarse jamás en un cierre absoluto sobre sí mismo ya que eso sería su muerte, el fin de cualquier porvenir, ni perderse en la hospitalidad absoluta, en el levantamiento de todas las barreras, en el dejar pasar sin ninguna frontera toda la monstruosidad del otro. El *fin*, sin embargo es aquí *imposible*, y es imposible porque no hay detención en *un punto*, porque todo está instantáneamente diferido, diferenciado por la diferencia, con lo cual esa reducción a *una unidad* que sería la victoria total y definitiva de *lo otro* sobre el sí mismo, no puede hacerse presente, presentarse, experimentarse, más que al precio de perder la diferencia si eso fuera posible.

Lo mismo en el caso de la victoria del *sí* mismo. El encierro perfecto en el círculo, en el punto de lo propio, este imposible sólo sería posible haciendo imposible todo porvenir, sepultado por *lo indiferenciado*. La muerte en el punto.

En el punto de la *Tesis*, que como tal es imposible, pero que guía la producción de filosofía desde tradiciones no cuestionadas hundidas en la metafísica. En el Logocentrismo, que como todos saben es el privilegio dado a la palabra viva, sobre la escritura técnica. Una ideología que para ocultar el valor de las normas, de los rituales burocráticos, de los formularios y las reglas de escritura, plantea el pensamiento como libre de toda estructura técnica, de toda pro-tesis. Así el plan de tesis, o el abstract, por ejemplo, deben decir lo que dirá la tesis antes de ser escrita y como la tesis comprende o debe comprender en sí misma la totalidad del sentido: el plan que planea la tesis es *la mejor tesis*; con lo que no se entiende la necesidad de escribirla.

Habíamos pensado terminar acá este escrito, ya que es un texto que habla sobre la imposibilidad de la Tesis, sobre cómo no se puede escribir nunca todo sobre nada. Un texto que habla sobre la imposibilidad del fin y la deriva indefinida del sentido no debería encontrar de pronto un sentido al final del texto. Pero para seguir con las indicaciones académicas –indicaciones que se presentan como sí de exigencias "neutrales" se tratara, llenas de "buena fe" y avaladas por la palabra "método", trataremos acá de dar cierre, fin, sentido, resumen, es decir, todas esas cosas que está tradición no cuestionada de la Tesis, da por sentado que se encuentran tras un largo camino, al final del mismo, en una lógica teleológica que nos cansamos de recusar pero en la cual seguimos escribiendo como si fuera lo mismo como si no importara, como si la escritura fuera sólo un vehículo tosco, una herramienta o un ornamento que no hace a la *survie* del texto.

En definitiva, escribimos tesis contra el Logocentrismo pero escribimos metafísicamente, bajo la metafísica del Logocentrismo: que piensa que un texto no vale por sí mismo, que la *Idea* está siempre *más allá* del texto, más allá de su concreta escritura. Entonces tendremos que hacer como si todo lo escrito no hubiera servido de nada, como si todo lo que se dijo sobre la imposibilidad del cierre y el fin, pudiera ser envuelto por una forma de escribir teleológica. El Logocentrismo metafísico es el privilegio dado a la palabra viva, sobre la escritura técnica. Una ideología que para ocultar el valor de las normas, de los rituales burocráticos, de los formularios y las reglas de escritura, plantea el pensamiento como libre de toda estructura técnica, de toda pro-tesis. Según esta narrativa sabemos antes de escribir lo que vamos a decir, lo sometemos a la escritura concebida como un proceso de despliegue de esa totalidad que es la *Idea* que vamos a manifestar para por fin terminar con el mejor resumen posible de esa *Idea* que siempre, según este relato va a estar mejor en nuestro pensamiento que sometida a las reglas del aparato técnico de la escritura que justamente por estar hundido en lo técnico no puede jamás expresar en *verdad*, en carne y hueso espirituales, el éter de las ideas.

El programa, el método es siempre protección contra el acontecimiento. Un programa perfecto programa perfectamente todo. Lo por hacer está ya hecho antes de hacerse, con lo cual no está por hacerse sino que se ha hecho. Los métodos académicos son programas burocráticos para reproducir las condiciones de la vida académica, sus jerarquías, sus pequeños privilegios.

> La fuerza reproductiva de la autoridad se conforma más fácilmente a declaraciones o tesis sedicentes revolucionarias en su contenido codificado con tal que se respeten los ritos de legitimación, la retórica y la simbólica institucional que desactiva y neutraliza todo lo que viene de otra parte. Lo irrecibible es aquello que, por debajo de las posiciones o las tesis viene a trastornar ese contrato profundo, el orden de esas normas, y que lo hace ya en la *forma* del trabajo, de la enseñanza o de la escritura.[4]

Con esta teleología del sentido último hace pareja el mito del "autor". Nosotros no comulgamos con la fe de esta creencia, no somos Dios, no hay nada de original en lo que escribimos, ya que no hay origen. La escritura se independiza del escritor desde el primer momento; escrita, ya no necesita de él, vive sin él. Se independiza desde siempre de su supuesto autor para devenir máquina productora, diseminante del sentido, separada de la conciencia y por tanto de las intenciones y de la plenitud del querer-decir de éste, y de cualquier otro que quiera erigirse en el dueño, o el restaurador de un supuesto sentido originario.

La unidad del texto, esta unidad que venimos cuestionando, asegurada supuestamente por la firma de un autor, necesita de la contra-firma del otro. Pero como todo otro, todo destinatario determinado, todo acto de lectura, se encuentra marcado por la misma muerte, la lectura no tiene fin, está siempre por venir, y por venir del otro.

---

[4] J. Derrida, "El tiempo de una tesis: puntuaciones", op. cit., p. 18.

Para Derrida es imposible reducir un texto a sus efectos, sean estos de sentido, de contenido, de tesis o de tema. En "La Farmacia de Platón" (1968), Derrida plantea que *el texto mismo* de Platón, oponiéndose al Platonismo, va a imposibilitar el cierre del sentido en una única, *final* y *verdadera* tesis sobre el "Platonismo". Pero ¿qué es para Derrida el Platonismo? "Platonismo querría decir la tesis o el tema que se obtendrá por artificio, desconocimiento y abstracción, arrancado del texto, arrancado de la ficción escrita de "Platón"".[5] Entonces el Platonismo –o el Derridanismo– es una abstracción, una violencia, una simplificación, un artificio mientras que el texto del que es sacada, recortada esta abstracción, está como todo texto compuesto por múltiples pliegues y capas innumerables, artimañas, sobredeterminaciones, reservas, es complejo y heterogéneo. El texto saca su fuerza de estar tejido con más de un hilo, *de estar tejido con aquello que lo desgarra*. Es contra esta heterogeneidad, contra esta complejidad que se constituye el Platonismo, para borrar y/o disimular diferencias, contradicciones, aporías, involuciones, convulsiones. Su función es entonces: "dominar, según una modalidad que es justamente la filosofía toda, otros motivos de pensamiento que también están trabajando en el texto."[6] El "Platonismo" es *uno* de los efectos del texto cuya firma es Platón, el efecto dominante a lo largo de la filosofía occidental, efecto siempre vuelto contra el texto. El Platonismo es una *inversión* violenta del texto de Platón, por el cual la inagotable heterogeneidad del texto es dominada por una policía filosófica que privilegia un efecto tético, filosófico, logocéntrico, homogéneo. La función del Platonismo es pues neutralizar, inhibir, paralizar, momificar las fuerzas del texto, impidiendo así la diseminación del sentido, su pervivencia. Ahora bien, para Derrida el "Platonismo" no es un ejemplo más de esta historia logocéntrica, sino el efecto que hace funcionar toda la historia de la filosofía. Pero esta historia no es, *no puede ser nunca igual a sí misma*, ya que está siendo desde siempre deconstruida por el mismo texto que intenta domesticar. La historia del Platonismo o la historia de la filosofía, no pueden, por tanto, totalizarse jamás; es una historia conflictiva, heterogénea, no teleológica, en la que sólo puede formarse relativas y transitorias hegemonías estabilizantes. Con lo cual la filosofía sería desde siempre Platónica: "estamos en la actualidad en vísperas del platonismo. Que podemos pensar igual de na-

---

[5] J. Derrida, *Khôra*, Córdoba, Alción, 1995, p. 69.

[6] Ibíd.

turalmente como al día siguiente del hegelianismo. En ese punto, la filosofía, la *episteme* no son "invertidas", "rechazadas", "frenadas", etc., en nombre de algo como la escritura; muy al contrario."[7] Platón sigue siendo el tema de nuestro tiempo, lo que hay que pensar. Lo que hay que deconstruir. Liberando así las fuerzas textuales que el Platonismo, la filosofía, el Logocentrismo, se esfuerzan por contener. La *deconstrucción,* que no la *inversión* del Platonismo, es obra del texto mismo de Platón.

La filosofía, es decir el platonismo, es decir la metafísica occidental, se constituye en su otro, se constituye constituyendo a otro, gracias a otro que la limita, la de-limita, la forma al constituirse en su *de*formidad, da en su *a*normalidad, la pauta de la normalidad.

El resto es la condición de posibilidad del acontecimiento, entendiendo por tal: la donación de lo otro, que en tanto otro no puede ser lo mismo, y en cuanto don no puede ser lo dado, lo que implica la improgramabilidad del acontecimiento.

Que no se pueda saber nunca todo sobre algo, garantiza que en cada caso, me encuentre ante la necesidad de decidir lo indecidible, que no esté obligado por un cálculo o un programa sino entregado a la locura del instante, porque como dice Kierkegaard "El instante de la decisión es una locura", locura que nos arroja al desgarramiento de tener que elegir sin ninguna seguridad. La decisión como imposible debe ser indecidible. "Indecidible es la experiencia de lo que siendo extranjero, heterogéneo con respecto al orden de lo calculable y de la regla, debe sin embargo –es de un deber de lo que hay que hablar– entregarse a la decisión imposible."[8] Indecidible no tiene nada que ver con indecisión, ni con parálisis. Lo indecidible es la condición de la decisión, del acontecimiento.

La decisión debe permanecer indecidible, nunca puede decirse de ella que está presente y que es justa. En efecto: o fue tomada sin ninguna regla y nada permite entonces decir que es justa, o fue tomada de acuerdo con una regla que nada garantiza o bien en el caso de que la regla garantizara la justicia de la decisión ya no se trataría de una decisión sino de un cálculo. Con lo cual el fantasma de lo indecidible acosa a toda decisión deconstruyendo toda seguridad de presencia, toda buena conciencia, la existencia misma de la decisión en cuanto tal.

---

[7] J. Derrida, "La farmacia de Platón", en *La Diseminación*, Madrid, Fundamentos, 1997, p. 161,

[8] J. Derrida, "Del derecho a la justicia", en *Fuerza de ley. El "fundamento místico de la autoridad"*, Madrid, Tecnos, 1997, p. 55.

Lo contrario de la indecidibilidad no es la decisión sino *lo calculable, lo programable, lo formalizable, lo computable.* Aquello que quiere pro-gramar "lo todavía innombrable, que se anuncia, y que sólo puede hacerlo, como resulta necesario cada vez que tiene lugar un nacimiento, bajo la especie de la no-especie, bajo la forma informe, muda, infante y terrorífica de la monstruosidad."[9] Exceder el discurso de la filosofía, que siempre se ha ceñido a asegurar el dominio del límite, no puede significar dar un paso fuera de la clausura. Pensar una clausura de la representación cuya forma no podía ser ya lineal, indivisible, circular, enciclopédica o totalizante es pensar la *supervivencia* de los envíos. Porque la presencia es imposible, la *re*-presentación está clausurada, esto quiere decir que "no hay fuera de texto".[10] Si la *survie* es "todo aquello con lo que está entretejido de arriba abajo, el tejido de la existencia", no hay fuera de la sobrevida, lo que no quiere decir que la sobrevida o mejor las sobrevidas sean inmortales, no sólo por la finitud de la huella, sino sobre todo porque la *survie* jamás termina de constituirse: un texto, cualquier texto, oculta siempre su sentido, porque éste está siempre por venir, lo que también quiere decir que nunca puede llegar a un destino final, salvo que la huella desaparezca y que su tejido se pierda sin que nadie sepa nunca que se perdió.

9 J. Derrida, "La Estructura, el Signo y el Juego en el discurso de las Ciencias Humanas", en *La Escritura y la Diferencia*, Barcelona, Anthropos, 1989, p. 401.

10 J. Derrida, *De la gramatología*, México D.F., Siglo XXI, 1998, p. 202. Cfr. p. 203: "Dentro de lo que se llama la vida real [...] nunca ha habido otra cosa que escritura; nunca ha habido otra cosa que suplementos, significaciones substitutivas que no han podido surgir sino dentro de una cadena de reenvíos diferenciales".

Nietzsche y el "terrible pasado". La superación de la ciencia y de la moral

Andrés Mombrú Ruggiero[1]

¿Cómo se encara la vida cuando Dios ha muerto y en palabras de Heidegger *somos seres para el olvido y para la muerte*? El concepto de la *muerte de Dios* de Nietzsche, tiene múltiples connotaciones, no sólo para la filosofía, sino también para la reflexión sobre la cultura. Nietzsche es, quizás, uno de los máximos exponentes de lo que Freud denominara *el malestar en la cultura.*[2] La tradición filosófica occidental predica, desde Sócrates en adelante, a la felicidad como finalidad del hombre y a la cultura como el medio para lograrla. Veintitrés siglos más tarde Freud se pregunta: ¿por qué no somos felices? Habría para Freud tres causas: La fragilidad de nuestros cuerpos –agrego, dolor y sufrimiento–, las hiperfuerzas de la naturaleza –agrego, indefensión y sufrimiento– y la insuficiencia de las normas que regulan los vínculos recíprocos –agrego, angustia y sufrimiento. A pesar de vivir en una cultura "analgésica" el sufrimiento no ha sido desterrado, la cultura ha sido la respuesta humana para tratar de liberarse de las "calamidades" que lo provocan, sin embargo, y de allí el "*malestar*", la cultura no sólo no ha liberado al hombre de los sufrimientos, sino que lo ha sometido a otros, nuevos y más allá de la naturaleza; no le ayudó a comprender y aceptar los sufrimientos que son hermanos de la vida y lo ha hecho aceptar sufrimientos que devienen de atrocidades innecesarias. En este sentido, paradójicamente, para Nietzsche sería una calamidad que el sufrimiento fuera desterrado, no solamente porque entonces no sabríamos apreciar el goce, sino porque es un factor vital para la preservación, y sobre todo, para la dignidad de la vida. Ese "goce", ese "*lust*", al que tanto se aferrara Nietzsche, no se empalidece frente al sufrimiento qué, lo hace brillar más, sino frente a la religión que lo convierte en autocompasión y frente a la perversión de la ra-

[1] Universidad Nacional de Lanús – Universidad de Buenos Aires. (Argentina)

[2] S. Freud, *El malestar en la cultura,* Amorrortu editores, Buenos Aires, 1979, p. 85.

zón, que muchas veces trampea y engaña, pero qué, parafraseando a Descartes y su genio maligno, podrá engañarnos en cuanto quiera, pero no puede dejar de evidenciar una verdad "*sin máscaras*", la del sufrimiento y la muerte como condición del ser del hombre.

En Nietzsche no opera la razón de la tradición filosófica occidental, no es ella la que impulsa su reflexión; pero tampoco puede quitársele su dimensión racional, la que se angosta para forma una unidad con la pasión, el sentimiento, la emoción; de un nuevo sujeto, de "otro sujeto", que todavía no ha llegado, pero que se anuncia. La unidad qué, como lo señalara Max Weber y lo reafirmara Habermas, la cultura moderna ha separado en los estamentos estancos y sin comunicación de la ciencia el arte y la moralidad, aparecen en Nietzsche como instancias a reconciliar. Entendemos que, en parte, Nietzsche se propone recuperar esa unidad perdida, pero bajo otra égida de valores.

En su obra *Eros y Civilización* de 1953, Herbert Marcuse, hace algunas afirmaciones sobre el pensamiento de Nietzsche, al que considera en ciertos puntos "*ambiguo*". Marcuse reconoce a Nietzsche como el único filósofo que ha superado la tradición ontológica de Occidente, pero afirma que: "su demanda contra el Logos como represión y perversión de la voluntad de poder, resulta ambigua al punto que impide su comprensión."[3] Aquí una cuestión preliminar, entendemos que la ambigüedad connota duda o vacilación, en éste sentido preferiríamos hablar de "*desgarrada contradicción*". El pensamiento de Nietzsche no se presenta como vacilante, ni como contradictorio en términos formales, sino como desgarrado por la "*aporías metafísicas*", de las que intenta liberarse y liberar al mundo, pero que minan sus fuerzas como un enemigo externo e interno. A pesar de lo que afirma en *El ocaso de los ídolos*, un filósofo no es una mezcla de animal y Dios, es apenas un hombre que padece la fortuna y la desgracia de la interrogación radical. Algunos tratan de apaciguar este desgarramiento construyendo sistemas tranquilizantes, relatos ensoñados en donde la esperanza es el ideal de la perpetuación, más que la de transitar con alegría lo efímero del ser; otros, como Nietzsche, se abisman en las contradicciones desgarradoras, entre el deseo que no tiene límites y que primero que nada es un deseo de sí, y las dolorosas evidencias de la inmanencia.

También afirma Marcuse: "La filosofía de Nietzsche contiene demasiados elementos del terrible pasado: su celebración del dolor y del poder perpetúan

[3] H. Marcuse, *Eros y Civilización*, Barcelona Ed. Seix Barral, 1969, p. 117.

rasgos de la moral que él lucha por superar."[4] ¿En qué aspectos la filosofía de Nietzsche perpetúa los rasgos de la moral que lucha por superar y en qué medida rompe con ellos? Es indudable que la moral cristiana, con la que Nietzsche lucha encarnizadamente, es una apología del sufrimiento y si hay lugar para el goce, éste sólo está permitido únicamente como goce del espíritu, el que incluye la abominación del cuerpo, sobre todo en un período del Cristianismo que sirve a los intereses de la Revolución Industrial y de la sociedad victoriana mediante una sublimación devastadora. En esta concepción, el hombre viene al mundo a sufrir a consecuencia del pecado que lo condena, se ganará el pan con el sudor de su frente, parirá a sus hijos con dolor, y será redimido a causa del sufrimiento indescriptible del hijo de Dios en la cruz, esto es, aceptará resignado las condiciones de miserabilidad a las que es sometido. A Nietzsche le repugna no sólo esa moral, sino también ese sufrimiento, porque se presenta como el sufrimiento de los cobardes, de los que viven implorando protección y no son capaces de enfrentar ellos mismos a la adversidad. El problema no radica entonces en el sufrimiento, que es de por sí inexcusable, sino en cómo se lo valora y con qué expectativas se lo valora. El atleta, el artista, que mortifica su cuerpo en el entrenamiento lo hace para fortalecerse. La consecuencia del fortalecimiento es lo único que hace que valga la pena sufrir. La voluntad de poder se encamina a producir esa fortaleza, que no es para el dominio, sino para la vida, que no es para la perpetuidad, sino para el logro que se realiza en un instante fugaz e irrepetible. Nietzsche no recomienda el sufrimiento como una forma de aceptar pasivamente el infortunio, ni por sadomasoquismo; lo recomienda porque es parte de nosotros y porque sin él sería imposible enfrentar los retos del mundo, lo recomienda para templar el cuerpo y el espíritu para enfrentar los desafíos de la vida.

Pero, ¿hay algún aspecto en el que se pueda decir que Nietzsche *perpetúa* aquella moral que lucha por destruir? Entendemos que sí, pero, no la encontramos en los mismos motivos que Marcuse. En lo que respecta al sufrimiento, para el cristianismo también es un camino para alcanzar el goce. Pero, mientras en el cristianismo la dialéctica entre sufrimiento y goce se despliega en una voluntad mediada por un vínculo externo, sufrimos para conseguir la aprobación de Dios, para purgar las culpas, para compadecernos con el Cristo crucificado; para Nietzsche en cambio, la voluntad de poder enfrenta al hom-

---

[4] Ibíd., p. 121.

bre consigo mismo sin intermediaciones. ¿Dónde entonces hay coincidencia entre Nietzsche y la tradición? Pensamos que en el ansia de eternidad.

Tiene razón Marcuse cuando señala el vínculo entre sufrimiento y voluntad de poder. Sin embargo, llama la atención que un pensador dialéctico como Marcuse no vea justamente la dialéctica del goce y del sufrimiento como la tensión que sostiene la vida, así como la voluntad de poder no como la intención de dominio, sino como la reafirmación del ser. Hay en Nietzsche un principio de realidad qué, como señala Marcuse, es "fundamentalmente antagónico al de la sociedad occidental."[5] Pensamos que ese antagonismo radica en considerar al sufrimiento como algo muy diferente del pago de una culpa, o una forma de redención.

Entendemos que la voluntad de poder de Nietzsche no apunta al dominio externo, a enseñorearse del mundo, de la naturaleza y de los hombres, sino que es la respuesta vital frente a la dialéctica del sufrimiento y el goce. No pretende dominar al mundo, sino ser en el mundo, no pretende dominar a la naturaleza, sino, al modo de los románticos, ser uno con la naturaleza, no quiere someter a los hombres, sino que éstos alcancen su dignidad y no se conviertan en rebaño. El guerrero con voluntad de poder lucha contra la hipocresía del mundo y contra sus propias entrañas. Nietzsche no es un nihilista, que es aquel que nada valora, sino un contranhilista de los valores de Occidente, al que contrapone otros valores, si se me permite lo feo de la expresión, es un transvalorativista. Como se*ñala Marcuse:* "Nietzsche expone la gigantesca falacia sobre la que fueron construidas la filosofía y la moral occidental –esto es: la transformación de los hechos en esencias, de las condiciones históricas en metafísicas."[6] Y agregaríamos que no sólo de la filosofía y de la moral, sino de las prácticas sociales y de las relaciones intersubjetivas.

Pero, ¿qué más conserva la filosofía de Nietzsche de aquella moral que cuestiona? Si bien por motivos diferentes, comparte la desconformidad con el hombre. En todas las concepciones religiosas el hombre también es "algo a ser superado."[7] Ya sea a través de un ciclo de reencarnaciones o de un renacimiento de la carne, o de alcanzar la esencia espiritual que se separa del cuerpo.

---

5 Ibíd., p. 119.

6 Ibíd., p. 119.

7 La idea de que el hombre es algo a ser superado aparece en toda la obra de Nietzsche. En *Así habló Zaratustra*, aparece por lo menos 8 veces. Cfr. F. Nietzsche, *Así habló Zaratustra*, Buenos Aires, Edaf, 1970, pp. 40, 62, 63, 72, 80, 203, 210, 271.

Las religiones, al igual que la mayoría de los sistemas filosóficos occidentales, han despreciado al hombre en su manifestación mundana. Nietzsche también "*desprecia*" al hombre y también propone una superación de éste, pero lo desprecia justamente en lo que las religiones lo valoran, la sumisión y la debilidad. La diferencia entre el débil y el fuerte no radica en la fuerza para doblegar, sino en la fuerza para ser, en la templanza, en la voluntad de poder para encarar el dolor, y el talento para disfrutar el goce. Esta repugnancia por los débiles, y esta apología de la fortaleza es concebida por Nietzsche, –y el usar la figura del guerrero como ideal, ha sido tomada por parte de muchos de sus detractores como expresión que preconfigura la ideología nazi–, como una especie de aristocratismo de la raza superior. El mismo Nietzsche era débil y frágil, muy lejos del ideal ario. La debilidad que repugna a Nietzsche no es la física o la de los enfermos, es la de la miserabilidad. La fortaleza no es la de la bestia hercúlea o la del tirano, sino la de la probidad, "el sentimiento de haber superado una resistencia."[8]

Ahora bien, ¿cuál es el horizonte de esa superación? Aquí Nietzsche no puede congeniar la inmanencia del mundo con su ansia de eternidad, y esa dificultad se manifiesta en la dimensión temporal. Por un lado, Nietzsche se afirma en la inmanencia, en la valoración del presente como lo único que verdaderamente el hombre posee, por el otro, y al mismo tiempo, no renuncia al apego a la eternidad. Pero, sin un Dios redentor, no sólo se diluye la más alta forma de tiranía, se esfuman también las condiciones de posibilidades de la eternidad. ¿Qué nos queda cuando se ha renunciado a los dulces engaños de la vida eterna, o de la memoria, o de la huella? Entendemos que la valoración de la vida como una experiencia, contradictoria, gozosa, sufriente, que se juega íntegramente en cada presente y nada más. Hay que estar dispuesto a gozar y también a sufrir con dignidad; ninguna de las dos cosas es fácil de conseguir, sobre todo cuando no hay bálsamo que alivie la expectativa del "*nunca más*". La vida quiere ser vida para siempre, pero el cuervo de la inmanencia es implacable. Como en el poema de Poe tiene una sola respuesta para nuestras súplicas:

Dime la verdad, te lo imploro. ¿Hay, bálsamo en Galaad? ¡Dime, dime, te lo ruego!» El cuervo dijo: «Nunca más»."[9]

---

[8] F. Nietzsche, *El Anticristo*, http://bibliotecadigital.ilce.edu.mx/Colecciones/ObrasClasicas/docs/Anticristo p.2.

[9] E.A. Poe, *El cuervo*, en Poesía Edgar Alan Poe, http://www.librodot.com. p. 43.

Al igual que Poe, Nietzsche también es atormentado por el cuervo del "*Nunca más*", el deseo de trascendencia sigue siendo una "*carga del terrible pasado*", no puede abrazarse a la inmanencia y renunciar a la trascendencia. ¿Si la redención y la trascendencia no llegarán de la mano de Dios, entonces cómo serán posibles? La respuesta es, del eterno retorno, de la circularidad eterna del *gran año cósmico*. Al respecto señala Marcuse:

> La forma tradicional de la razón es rechazada sobre la base de la experiencia del ser como un fin en sí mismo –como goce (*Lust*) y placer–. La lucha contra el tiempo también es sostenida desde esta posición: hay que romper la tiranía del llegar a ser sobre el ser si el hombre está para llegar a sí mismo en un mundo que es en verdad suyo. En tanto exista el fluir del tiempo incontenido e inconquistado –pérdida sin sentido, el doloroso «era» que nunca será otra vez– el ser contiene la semilla de la destrucción que convierte el bien en mal y viceversa. El hombre llega a sí mismo sólo cuando la trascendencia ha sido conquistada –cuando la eternidad ha llegado a ser presente en el aquí y ahora–. La concepción de Nietzsche concluye con la visión del círculo cerrado –ya no el progreso, sino el "eterno retorno".[10]

La muerte de Dios, crea un problema filosófico de no poca importancia. Si Dios no existe, ni siquiera como metáfora explicativa, entonces el tiempo, el cual experimentamos a través del devenir, tampoco puede haber sido creado. Dios es presentado como la garantía del principio y del fin, del alfa y la omega, como señala el Apocalipsis capítulo 1, versículo 8. El antes y el después del principio y del fin, quedan, "respetuosamente" guardados en el misterio. Pero sin un Dios a quién asignarle el misterio del antes y del después, y la explicación del "medio", o del "durante", que hacen a tiempo y mundo, ¿cuál es la explicación del mundo y del devenir? Si no hay principio ni final, entonces la temporalidad no puede ser lineal. La única alternativa que encuentra Nietzsche es la de la circularidad del tiempo. Contra la temporalidad lineal de la concepción cristiana del tiempo, en la que la garantía de la continuidad radica en Dios, Nietzsche, una vez más, se inspira en el paganismo griego, en el concepto de los (Kiklos), en la inscripción del hombre en los ciclos del eterno retorno, que son ya un refinamiento metafísico de la creencia, mucho más antigua, de un orden cósmico trazado por los ciclos de la naturaleza, los que

---

[10] Op. cit., 1, p. 119.

marcaban rotundamente el sufrimiento de los períodos de escases y el goce de los períodos de abundancia. Si el tiempo no empieza ni termina, entonces gira sobre sí mismo. Ya sin Dios el destino del hombre y del mundo se resuelven en su ser y no en su llegar a ser. Pero, ¿por qué el eterno retorno de lo mismo? El terrible pasado todavía se expresa como deseo de eternidad. Dice Nietzsche:

> ¡Oh! ¿Cómo no habría de estar anhelante de la eternidad, anhelante del nupcial anillo de los anillos..., del anillo del devenir y del retorno? Nunca todavía he encontrado la mujer de la cual quisiera tener hijos, si no es esta mujer a quien amo: ¡porque te amo oh eternidad! ¡Porque te amo oh eternidad![11]

En un sentido estrictamente cosmológico no hay libertad sino determinismo absoluto. El gran año cósmico gira eternamente siempre del mismo modo, y volverá a traer todas las cosas exactamente iguales, este es el motivo del desesperado llamado a la voluntad de poder y al superhombre. El "*imperativo categórico moral*" de Nietzsche, la máxima del superhombre podría ser: *obra de modo tal que tus actos merezcan ser fijados para la eternidad*. Y he aquí otra trágica aporía. Si todo ya se ha dado y si todo se volverá a dar exactamente del mismo modo, ¿qué sentido tiene cualquier tipo de voluntad?, ¿para qué habríamos de esforzarnos en esa lucha por la superación? Frente a esta diyuntiva la respuesta no está en el conocimiento, sino en la ignorancia. Para la tradición occidental y a los ojos de Nietzsche, desde Sócrates, lo que pierde al hombre es su ignorancia y lo que lo salva es su saber, o la búsqueda del saber y la verdad. En Nietzsche la "*salvación*" no se encuentra en el saber, sino en la voluntad de poder, en el deseo de ser sí mismo, en el goce de ser ese ser. El goce es lo que vale la pena que sea fijado para la eternidad. No es la ignorancia, en el sentido de no saber nada, sino la ignorancia del destino, de desconocer que es lo que se encuentra inscripto por toda la eternidad en los ciclos del gran año cósmico.

La máxima de la voluntad de poder nos está diciendo que debemos esforzarnos de modo tal que ese esfuerzo se traduzca en actos que valga la pena que se repitan eternamente. Sin embargo, Nietzsche no convoca al hombre a una vida de esfuerzo y sufrimiento, justamente, de lo que se trata es de abandonar la culpa y el sufrimiento y entregarse al goce. Como señala Eugen Fink en su obra *La filosofía de Nietzsche*:

---

[11] F. Nietzsche, *Así habló Zaratustra*, op. cit., p. 216.

> Si detrás del ahora yace una eternidad, entonces "todas las cosas que pueden correr tienen que haber recorrido ya una vez esta calleja". Con otras palabras: No es posible en modo alguno un pasado infinito como una cadena infinita de acontecimientos siempre nuevos; si existe un pasado infinito, entonces todo lo que puede en absoluto suceder ha tenido que haber sucedido ya; nada puede faltar en él, estar todavía por venir, ser mero futuro; una eternidad pasada no puede ser imperfecta, sin la profundidad del pasado el tiempo es una eternidad transcurrida, el tiempo, en cuanto tal, no puede tener ya nada fuera de sí; todo lo que pueda acontecer tiene que haber acontecido ya en él. La eternidad del pasado exige que haya sucedido ya todo lo que puede suceder, que haya transcurrido ya un tiempo total. Y, de igual manera, un futuro infinito, eterno, exige que en él transcurran todos los acontecimientos intratemporales. Si el pasado y el futuro son concebidos como eternidades, entonces es preciso concebir ambos como el tiempo total, con todo su posible contenido temporal.[12]

Sin embargo, en Nietzsche no hay fatalismo, en el sentido de que nada se puede hacer porque todo ya está dado, sino qué, porque se ignora en cada retorno lo que está dado, es que el hacer de esa voluntad de poder debe entender que el modo en que se enfrente el goce y el sufrimiento nos pone por la eternidad en el mismo sitio. He allí otro río Leteo del Olvido, pero que no nos deja en las sombras, sino en el que radica nuestra esperanza. Dice Nietzsche:

> Retornaré con éste sol, con esta tierra, con ésta águila, con ésta serpiente, (...), no para una vida nueva, ni para una vida mejor o parecida. Retornaré eternamente para esta misma vida, idénticamente igual, en lo grande y también en lo pequeño, a fin de enseñar nuevamente el eterno retorno de todas las cosas..., a fin de proclamar nuevamente la palabra del gran mediodía de la tierra y de los hombres, a fin de enseñar nuevamente a los hombres la venida del superhombre.[13]

Entendemos que lo eterno es el círculo que hace que todas las cosas vuelvan a advenir exactamente iguales, pero los momentos de ese círculo siguen siendo fugaces y pasajeros, rescatados por la ignorancia de sí mismos se repiten sin solución de continuidad, como si fueran siempre nuevos y siempre

---

[12] E. Fink, *La filosofía de Nietzsche*, Madrid, Editorial Alianza, 1996, p. 124.

[13] Op. cit., 9, p. 209.

únicos. Quizás un consuelo de inmortalidad para un ser mortal y sin Dios. Desafortunado destino para quien ha querido romper con todos los valores de la tradición, con todas las morales degradantes, con todos los falsos mandatos de la cultura y sin embargo, como un lastre que lo hunde, no puede desprenderse del ansia de eternidad. Es motivo de una profundización mayor poder discernir si hay alguna otra alternativa al problema de la temporalidad y sobre todo sin caer, ni en las alucinadas especulaciones metafísicas, ni en los torpes desentendimientos del cientificismo. Quizás, teniendo en cuenta valiosos conocimientos de las ciencias y de la mano de una especulación metafísica *sobria*, podríamos llegar a pensar otra salida a la linealidad o la circularidad, como por ejemplo, pensar al tiempo como el ritmo de dimensiones discretas infinitas e irrepetibles, en donde lo finito y lo infinito sean concebidos como complementarios. Pero dejémoslo para otra ocasión.

Con respecto al conocimiento que puede producir la ciencia, Nietzsche no es un escéptico, no piensa que el conocimiento no sea algo deseable y necesario. Su diferencia fundamental con algunas de las tradiciones filosóficas dominantes radica en los contenidos y los propósitos del conocimiento. Acusa en *Verdad y mentira en sentido extramoral* al fugaz conocimiento producido por el hombre como el momento más mentiroso de la historia universal. Pero, ¿por qué es mentiroso? Lo es por su contenido y por sus intenciones. Por su contenido por lo absurdo de la empresa, querer aprisionar en pocos gruñidos la verdad del sentido de la totalidad, querer fijar en una ley lo que no es otra cosa que devenir. Por sus intenciones, porque no deja de ser una forma de creencia que pretende eliminar el sufrimiento del modo más cobarde, justificándolo racionalmente. En este sentido, la elección de Nietzsche es epicúrea y anti estoica. Si el conocimiento tiene algún valor, éste consiste en procurar el goce y enseñarnos a soportar el sufrimiento. Incluso va más lejos, valorar el sufrimiento como una instancia vivificante.

> ¿Tenemos que aceptar que la finalidad de la ciencia sea procurar al hombre el mayor número de placeres posible y el menor desencanto posible? Pero, ¿cómo hacerlo, si el placer y el desencanto se encuentran tan unidos que quien quisiera tener el mayor número de placeres posible debe sufrir, al menos, la misma cantidad de desencanto; que quien quisiera aprender a "dar saltos de alegría" debe prepararse para "estar triste hasta la muerte"? [...] Hoy seguimos ante la misma elección; o el menor desencanto posible, realizado en la ausencia de dolor –y en el fondo los

> socialistas y los políticos de cualquier partido no deberían honradamente prometer más a sus gentes–, o el mayor desencanto posible al precio de una superabundancia creciente de goce y de placeres refinados. Si la decisión pasa por el primer aspecto con la intención de disminuir y reducir la propensión de los hombres al dolor, habrá que disminuir y reducir también su propensión al goce. En realidad, con ayuda de la ciencia, se puede lograr tanto lo uno como lo otro. Quizás la ciencia sea más conocida hoy por los poderosos medios que tiene de privar al hombre de sus alegrías, de hacerlo más frío, más parecido a una estatua, más estoico. ¡Pero puede llegar un día en que la ciencia aparezca como la gran suministradora de dolor! ¡Y tal vez entonces se descubra, a la vez, su fuerza contraria, su inmenso poder para hacer brillar nuevas estrellas de goce![14]

Las fantasías religiosas, científicas y políticas que proponen un futuro sin pena, padecen de las mismas alucinaciones. En forma inversa a como en el film de Win Wenders, *Las alas del deseo* (1987), los ángeles están dispuestos a entregar sus alas de eternidad por vivir las gozosas penurias de los hombres, así la religión, la ciencia y la política proponen como horizonte una realidad tan alejada del sufrimiento que concluiría con un tipo de hombre tan desafectado como los ángeles de Wenders. La primera en el más allá y las otras dos en el más acá, quieren quitarle al hombre su ser, hacerlo "*más parecido a una estatua, más estoico*", lograr un efecto anestésico sobre las manifestaciones de la vida. Esta idea corresponde a la sociedad industrial, en la cual la libido es orientada casi exclusivamente hacia la producción. En la actualidad ese estoicismo industrial ha sido suplantado por un hedonismo enajenado, en el que el goce se dirige al consumismo, y en el que la ciencia solo tiene valor si produce valor agregado, desarrollo y "bienestar". Como se ha dicho, Nietzsche no rechaza de la ciencia su deseo de mejorar la vida, sólo difiere en el significado de qué es una vida mejor. De este modo, la propuesta de *La Gaya Ciencia* no sólo pretende enfrentar la desafectación de la ciencia respecto de las pasiones y su afán de verdad, pretende que la ciencia sea un gay saber, un saber alegre, un saber para la vida. Es así que la mayoría de los asuntos de *La Gaya Ciencia* son en realidad otra cosa que una filosofía de la ciencia que pone en el centro de la cuestión la validación lógica racional y metodológica de la verdad científica. Se trata de una ciencia de la vida que reflexiona sobre aquello que vale la pena

[14] F. Nietzsche, *Sobre verdad y mentira en sentido extramoral*, Madrid, Editorial Técnos, p. 41.

saber y sobre lo que habitualmente, ni la ciencia, ni la filosofía de la ciencia y, apenas la filosofía, se atreven a interrogar. Nietzsche nos propone otros intereses y otros valores para la búsqueda del conocimiento y para la ciencia, pero no lo hace de un modo maniqueo. Su transvalorativismo en parte contrapone una moral contra otra moral, pero a la vuelta de todo no puede sino desconfiar de toda moral. Como lo señaló en *Así habló Zaratustra*, luego de pasar por el camello y el león, el punto de arribo de la metamorfosis es el niño. El hombre de la tierra, el niño, el superhombre, pueden hacer lo que merece ser hecho por toda la eternidad y que ha venido a ser socavado por la cultura, gozar sin culpa, y sufrir sin sentir que es ese sufrimiento es a causa de una falta.

Otro elemento en el que Nietzsche sigue prisionero del terrible pasado es el de no poder conciliar lo que considera lo superior y lo inferior. Lo superior, la moral de la voluntad de poder en las montañas de Zaratustra- Nietzsche, en oposición a lo inferior, el llano de las miserias humanas. Zaratustra-Nietzsche sigue siendo un profeta, un moralizador, un esclarecedor del mundo, un mesías. Sin embargo, no es el único Nietzsche, sino también el que sabe que ningún profeta, ni ningún filósofo, ni siquiera él mismo, dice la verdad. Parece una gran empresa prescribir una moralidad para una civilización sin Dios, pero Nietzsche sabe que éste logro es apenas una mota de polvo, la aporía radica en que toda moralidad resulta miserable e insuficiente, el superhombre también ha de ser algo a ser superado.

Nietzsche ve con claridad que no se puede pensar en la ciencia y en la moral de modo excluyente. El problema de la ciencia es el problema de la moral y viceversa. La gran paradoja de la que el mismo Nietzsche no puede escapar es del hecho de que no hay crítica de la moralidad que no sea al mismo tiempo una moralidad, ni crítica de la metafísica que no sea al mismo tiempo metafísica.Y la metafísica es el punto de partida de toda religión, pero también de toda ciencia. Su crítica de la metafísica inevitablemente propone otra metafísica y cae en los lugares comunes del terrible pasado de las morales, (esto comparte con las religiones), y de las metafísicas, (esto comparte con las filosofías) y de las antimetafísicas, (esto comparte con la ciencia), pero consciente de que cae y luchando encarnizadamente por superarlo. Hay en Nietzsche un pensamiento honestamente negativo, el de una negatividad que sabe que la crítica se convierte en afirmación que debe a su vez ser criticada. Nietzsche no lucha desde la fortaleza, sino desde su fragilidad física y emocional. ¿Qué impulsa a Nietzsche a una tarea como la de Sísifo, la de levantar una y otra vez una moral que se va a desbarrancar, como toda empresa humana?

Nietzsche acusa a los socialistas y a los anarquistas de que en ellos "*hay demasiadas cosas del terrible pasado*", en sus palabras, son herederos de la moral cristiana, su colectivismo y comunismo son otra forma de promover el rebaño. Son también herederos de la ciencia que fija las cadenas de las que se pretenden liberar. Pero, finalmente, que hay de socialista, de anarquista, de cristiano en Nietzsche. Su filosofía no deja de ser redencional. Nietzsche es un humanista en contra de todos los humanismos que son manifestación de autojustificación y disculpa de las miserabilidades. El hombre de la tierra y el superhombre se revelan tan ilusorios como el Adán anterior al pecado y los salvos tras el juicio final. Un pasado feliz, anterior al terrible pasado, que daría lugar a un futuro feliz. Nietzsche no lo ignora y muere presa de su ira leonina, no logra alcanzar el goce del niño que juega sin culpa. ¿Qué queda cuando nada puede ser investido positivamente como un valor? ¿Cómo enfrentar tan insoportable evidencia sin volverse loco? En definitiva, la locura le ganó a Nietzsche porque no pudo liberarse de la peor carga del terrible pasado, su amor no correspondido por esa maravilla miserable de lo humano, de lo demasiado humano. De esto nadie puede escapar. El pasado siempre pesará sobre nosotros, pero la esperanza de libertad tiene un solo lugar y un solo tiempo, el presente, donde coincide lo fugaz con la eternidad y donde se juegan todas las cosas. Esto también nos lo enseñó Nietzsche.

MELODÍAS NIETZSCHEANAS

Ciencia, arte y filosofía en la obra de Nietzsche: una perspectiva "centáurica"[1]

Miguel Ángel de Barrenechea[2]

Introducción: Nietzsche y un pensamiento "centáurico"

Nietzsche, en una carta dirigida a Rohde de 1870, presenta una tesis singular sobre su –aún incipiente– trayecto teórico y existencial. El entonces joven filólogo, a los 25 años, prevé que su trayectoria en el campo del pensamiento será múltiple, con inquietudes que lo llevarán a abordar cuestiones en áreas muy diversas como la ciencia, el arte y la filosofía. El joven autor se siente *tomado* por innumerables impulsos, cultivando intereses teóricos y artísticos tan disímiles que cree que algún día *engendrará* centauros. Esta enigmática y sugestiva sentencia *–engendrar centauros–* sintetiza la amplia visión de un pensador del Siglo XIX, que tuvo la capacidad de dialogar con las concepciones científicas, artísticas y filosóficas más relevantes de su época.

En este primero momento de su obra, Nietzsche sustenta que todas las actividades humanas provienen de instintos corporales. El análisis de los instintos, *Triebe*, es esencial para comprender la dinámica de las acciones humanas. En cada conducta del hombre, siempre habría un impulso, un instinto que determina el comportamiento.[3] En *El nacimiento de la tragedia*, la conocida tesis de la oposición entre Ciencia y Arte se vincula estrechamente con la teoría de los instintos. Hay una nítida oposición entre *Kunsttrieb*, ins-

---

[1] Este artículo sintetiza las reflexiones principales de la conferencia proferida en el III Congreso Internacional de Epistemologia y Metodología, *Nietzsche y las ciencias*, organizado por la Dra. Esther Diaz, 2014, en la Universidad Nacional de Lanús. Publiqué una versión anterior y parcial de este texto: M.A. de Barrenechea, "Nietzsche cientista", en *Nietzsche e as ciências*, Rio de Janeiro, 7Letras, 2011, pp. 30-45.

[2] Universidade Federal do Rio de Janeiro (UFRJ/IFCS), UNIRIO (Brasil)

[3] Assoun caracteriza la obra de Nietzsche como una "filosofía de los instintos". Cfr. P. L. Assoun, *Nietzsche y Freud*, México, Fondo de Cultura Económico, 1984 (pp. 93-111).

tinto artístico que está en la base del arte griega y de la concepción trágica de la existencia, y el *Erkenntnistrieb*, instinto de conocimiento que comanda a la ciencia y al socratismo y que habría determinado la decadencia de la civilización helénica.[4] Más allá de la oposición inicial entre instinto artístico e instinto de conocimiento, el autor va a construir numerosos términos, asociados al *Trieb*, para caracterizar las diversas conductas del hombre, como *Kulturtrieb, Wissentrieb* etc. Conforme ese modelo explicativo, toda conducta es atribuida al predominio de un instinto específico; en los griegos trágicos predomina el instinto artístico, ya en Sócrates y Platón prevalece un instinto de conocimiento. Cabe entonces preguntar –aplicando ese criterio explicativo al propio Nietzsche– ¿Qué es lo que permite a un hombre conjugar impulsos artísticos, científicos y filosóficos? Nos encontramos con un pensador singular que plasma una multitud de tendencias diversas y hasta contradictorias. Por ese motivo el joven filósofo destaca que se siente *tomado* por un proceso de *centaurización*. Él sería una especie de catalizador de fuerzas múltiples, traductor de pulsiones heterogéneas, creador de obras polimorfas. La alusión a la imagen del centauro sugiere que Nietzsche tenía conciencia de la enorme dificultad de transitar con acuidad en áreas tan diversas. El centauro nos recuerda la condición híbrida de un animal mitológico, mitad hombre, mitad caballo. Podría considerarse una especie de monstruo, una anomalía de la naturaleza; una mezcla de aspectos heterogéneos y contradictorios. Eso instiga a indagar: ¿El autor habría, de hecho, *gestado centauros* a lo largo de su obra? ¿De qué forma el filósofo consiguió transitar las sendas del arte, de la ciencia, de la filosofía, de forma simultánea? ¿Fue un proceso penoso o, al contrario, Nietzsche consiguió integrar de forma armoniosa tendencias tan diversas? En la década de 1870, el joven Nietzsche no se encontraba aún en condiciones de prever como sería su trayectoria teórica. Anticipaba, sí, que debería confrontarse con una multitud de impulsos que lo llevarían a generar una obra anti-sistemática, con pensamientos que irían cambiando con el paso de los años.[5]

---

[4] Para esclarecer estas cuestiones ver R. Machado, "Arte e ciência" en R. Machado, *Nietzsche e a verdade*, Rio de Janeiro, Graal, 1999, p. 17-47; también mi libro: M. A. Barrenechea, *Nietzsche e o corpo*, Rio de Janeiro, 7Letras, 2009, "Os instintos e a dinâmica corporal", pp. 63-75.

[5] Suárez comenta la tendencia multifacética, *centáurica*, que ya está presente en el primer libro nietzscheano "(...) "*O nascimiento da tragedia", livro inaugural concebido en 1870, livro-centauro, no qual Nietzsche se empenha em realizar uma obra mista de pesquisa científica, emoção de artista e acuidade filosófica*". R. Suárez, *Nietzsche e a linguagem*, Rio de Janeiro, 7Letras, 2011.

¿Nietzsche científico, artista e filósofo? ¿El autor de *El nacimiento de la tragedia* fue de hecho un genuino creador en esos ámbitos tan disímiles? Desde sus primeros escritos hasta los últimos textos de 1888, él adoptó posiciones diversas y hasta opuestas sobre las ciencias, el arte y la filosofía. La obra nietzscheana es dividida, por diversos intérpretes de su pensamiento, en tres grandes períodos: *metafísica de artista* (1860-877), cuando estaba bajo la influencia de Wagner y Schopenhauer, exaltando el valor del arte y, en contrapartida, cuestiona la ciencia y el racionalismo socrático; *etapa positivista* (1878-1882, antes de la publicación de *Zaratustra*), en que valoriza la ciencia, criticando la metafísica, la religión, la moral y, finalmente, la fase de *consolidación de la obra* (1883-1888), después de la redacción del *Zaratustra*, cuando elabora las nociones fundamentales de su pensamiento.[6] En esas tres etapas, el autor sustentará tesis diferentes sobre las ciencias, las artes y la filosofía. Inicialmente, Nietzsche será un crítico contundente de las ciencias; en la segunda etapa, él exaltará el papel de una *ciencia jovial* y cuestionará el arte de Wagner y la metafísica schopenhaueriana, que tanto admiró en su juventud; y finalmente, en la fase final de su obra, operará con conceptos de la biología, de las ciencias naturales y de la física, vinculándolos a sus tesis propiamente filosóficas.[7]

En suma, la cuestión central de este trabajo, la discusión sobre el vínculo de Nietzsche con las ciencias, me lleva a indagar si el autor, más allá de ser filósofo y artista: músico, escritor, poeta, fue también científico. Para intentar responder a esa cuestión, abordaré apenas algunos puntos decisivos sobre el tema en los diversos momentos de su obra, una vez que su amplitud y complejidad excede la problematización en el ámbito circunscripto de este artículo.

Metafisica de artista

En los escritos de final de los años de 1860 e inicio de la década de 1870, principalmente en *El nacimiento de la tragedia*, Nietzsche cuestiona el valor exagerado atribuido a las ciencias en la modernidad, proponiendo rescatar el estatuto cognoscitivo de las artes. Bajo la inspiración de Wagner y Schopenhauer, él sustentará una *metafísica de artista*, considerando que el arte seria el

---

[6] Cfr. S. Marton, "Introdução", en S. Marton, *Nietzsche: das forças cósmicas aos valores humanos*. São Paulo, Brasiliense, 1990.

[7] Abordaré esta cuestión, de forma más detallada, en la última parte de este trabajo, cuando estudiaré el ideal ascético, tal como analizado en *La genealogía de la moral*, III.

organon, la vía privilegiada de acceso a la esencia de la realidad.[8] La tragedia,[9] al manifestar la tensa armonía entre los impulsos apolíneos y dionisíacos, expresaría la propia textura contradictoria del mundo.[10] La crítica nietzscheana al socratismo y a la creencia de que la razón podría no sólo conocer el ser, sino que llegaría hasta *corregir* el ser, coloca todo conocimiento racional bajo sospecha.[11] Cabe destacar que en su cuestionamiento a la racionalidad, el filósofo no hace distinción entre racionalidad filosófica clásica y racionalidad científica moderna. Esa es la interpretación de Machado, cuando afirma que Nietzsche no pretende elaborar un concepto de ciencia, sino "realizar una crítica radical del conocimiento racional tal como existe desde Sócrates y Platón."[12]

En la primera etapa del pensamiento nietzscheano, el autor, más allá de criticar el movimiento iniciado por Sócrates de excesiva valorización del conocimiento racional, y de rescatar la relevancia cognoscitiva de las artes, destaca el pensar de los primeros filósofos griegos, los denominados pré-socráticos, que lograron integrar razón e impulso, ciencia y arte, conocimiento y vida. Esos pensadores consiguieron expresar una visión integral de la existencia humana, sin separar el saber del arte, la filosofía de la ciencia. "El filósofo al lado del científico y del artista".[13] Los pensadores pré-socráticos integraban todos los saberes, armonizaban todas esas formas de acceso a la realidad, demostrando que "todos los hombres son artistas, filósofos, científicos etc."[14] Así, el pensamiento era un modo de afirmar la existencia: "Solamente con los grie-

---

[8] Cfr. R. Machado, "Metafísica de artista e metafísica racional", en R. Machado, *Nietzsche e a verdade*. Rio de Janeiro, Graal, 1999, p. 29-34.

[9] En "Tentativa de autocrítica" escrita muchos años después de *El nacimiento de la tragedia*, Nietzsche destaca el inmenso valor que él otorgaba al arte en el primer período de su obra: *"(...) ver a ciência com a ótica do artista, mas a arte, com a ótica da vida..."*. F. Nietzsche, *El nacimiento de la tragedia: tentativa de autocrítica*, 2, *Sämtliche Werke*. Kritische Studienausgabe (KSA), Organizada por Giorgio Colli e Mazzimo Montinari. Berlin; New York, Gruyter & Co., 1967-77.

[10] Fink afirma que, en la primera etapa de la obra nietzscheana, el arte sería el verdadero *organon* de acceso a la realidad originaria: "*A arte surge como o verdadeiro organon porque o própio fundo primordial do ser desempenha al criar o mundo o papel de "artista primordial"*". E. Fink, *A filosofia de Nietzsche,* Lisboa, Presença, 1983, p. 35.

[11] NT, 15.

[12] "*A reflexão sobre a ciência (...) encontra-se no âmago da filosofia de Nietzsche. (...) Se não existe em Nietzsche propriamente uma questão epistemológica (...) é porque o problema da ciência não pode ser resolvido no âmbito da própria ciência. (...) a investigação da verdade é uma crítica a própria ideia de verdade considerada como "valor superior" (...); uma crítica por tanto ao próprio projeto epistemológico*". R. Machado, "Metafísica de artista e metafísica racional", op. cit., p. 7.

[13] F. Nietzsche, *El libro del filósofo*, en KSA, 59.

[14] LF, 64.

gos todo se transformaba en vida."[15] Pero, ¿Cómo consiguieron esos filósofos integrar arte, ciencia y filosofía? Para esclarecer esta cuestión, Nietzsche analizará el lugar ocupado por el instinto de conocimiento, *Erkenntnistrieb*, en el pensamiento de esos filósofos. Esos primeros helenos no excluyen el instinto de conocimiento, el impulso de la ciencia, pero sustentan que debe ser limitado por los impulsos artísticos: "los filósofos griegos más antiguos dominan el instinto de conocimiento."[16] Eso no significa que la ciencia no ocupe un lugar destacado junto a otras actividades de la civilización helénica, si no que el impulso del conocimiento es controlado por las tendencias artísticas: "No se trata de aniquilar la ciencia, sino de dominarla."[17]

Nietzsche mostrará que, después de la civilización griega, cuando el arte y la filosofía ocuparon un lugar de privilegio junto a la ciencia, el instinto para la ciencia extrapola sus límites, dominando todas las otras manifestaciones del pensar, subyugando o aniquilando todos los otros saberes. El socratismo instaura la hegemonía exclusiva de la racionalidad, condenando el arte, considerado "falso", "ilusorio"; la tragedia específicamente sería: "Algo verdaderamente irracional, con causas sin efectos y con efectos que parecían no tener causas."[18] Para Sócrates el arte debe ser excluido del terreno del saber, sólo debería ser considerada válida la argumentación racional, que a partir de un riguroso encadenamiento de proposiciones permitiría acceder a la esencia del ser. Nietzsche caracteriza esa fe desmedida en las posibilidades de la razón como "optimismo teórico"; "fe en que el pensar, por el hilo conductor de la causalidad, accede a los abismos más profundos del ser."[19] Esa visión exageradamente racionalista[20] representa un *síntoma* de vida decadente; "un signo de decadencia, de cansancio, de enfermedad, de instintos que se disuelven anárquicos."[21] Nietzsche denuncia que paulatinamente el socratismo fue dominando a los helenos, dando lugar a una cultura socrática, en que la razón y

---

[15] LF, 47.

[16] LF, 31.

[17] LF, 28.

[18] *El nacimiento de la tragedia*, 14.

[19] NT, 15.

[20] "*Em face desse pessimismo prático é Sócrates o protótipo do otimista teórico que, na já assinalada fé na escrutabilidade da natureza das coisas, atribui ao saber e ao conhecimento a força de uma medicina universal*". NT, 15.

[21] NT, Tentativa de autocrítica, 1.

el impulso de conocimiento se imponen de forma tiránica, excluyendo todas las manifestaciones artísticas. La ciencia domina toda comprensión de la realidad, y pasa a ser considerada como único paradigma de conocimiento seguro, riguroso. Para contrarrestar esa tendencia decadente, sería necesario restaurar el significado de la existencia; no bastarían conceptos fragmentados, saberes estancos alejados de la vida. Nietzsche confía en la recuperación de los mitos, en la recuperación de la tragedia. Wagner e Schopenhauer serían capaces de inaugurar una visión integral de la existencia. Wagner sería un "nuevo Esquilo", un artista total capaz de producir una nueva tragedia e incluso de fundar una "nueva era trágica".[22] Schopenhauer, por su vez, conseguiría superar los conocimientos parciales de la ciencia, presentando una visión metafísica donde el arte ocuparía un lugar privilegiado, y la preocupación por el sentido de la existencia estaría en el centro de la reflexión.[23] En resumen, en la época de la metafísica de artista, Nietzsche cuestiona el lugar atribuido a la razón, criticando el estatuto de una ciencia supervalorizada, interpretada como forma privilegiada de comprensión del mundo. Propone el retorno a una visión trágica del mundo. Pero no es intención de Nietzsche la elaboración de un concepto preciso de la noción de ciencia. Él discute la ciencia en la medida que analiza el tipo de vida que ella manifiesta. El filósofo alemán afirma que el predominio de la ciencia, inaugurado por el socratismo, es síntoma de decadencia, resultado del caos y la anarquía de los instintos del pueblo helénico. A continuación, analizaré la segunda etapa del pensamiento de Nietzsche cuando esa perspectiva sufrirá importantes modificaciones.

La ciencia jovial

A partir del bienio 1876-7, hay una importante transformación en el pensamiento de Nietzsche. Después de la época de la metafísica de artista, el filósofo hace una importante auto-crítica de su primera orientación teórica, llegando a la conclusión de que la música wagneriana está lejos de reeditar el *pathos* trágico y de retomar las verdades oriundas del mito y del arte trágico. También se aleja de la interpretación schopenhaueriana de la existencia,

[22] Cfr. NT, 16.

[23] "*(...) ele [Schopenhauer] reúne todos os elementos ainda válidos para o domínio da ciência. Ele retorna aos problemas originais mais profundos da ética e da arte, ele resgata a questão do valor da existencia*". LF, 32.

dejando de entender el mundo con categorías dicotómicas como esencia y apariencia, voluntad y representación.[24]

En esa etapa inicial de metafísica de artista, Nietzsche también dedicó especial atención al estudio de las ciencias. Su formación inicial fue en la rigurosa disciplina de la filología, llegando incluso a ser profesor en esa área en la Universidad de Basilea. Ese joven admirador del arte trágico, de Wagner y Schopenhauer, era también un ávido lector de Lange, Darwin, Lamarck y otros científicos, principalmente biólogos y físicos. El interés por las ciencias, más allá de su crítica al socratismo y al racionalismo, siempre estuvo presente. Al comienzo de la década de 1870, él se interesa por analizar la cultura de su época así como por la crítica de toda la civilización occidental. En su *Segunda consideración intempestiva*, cuestionará los excesos de la ciencia histórica, totalmente dedicada a memorizar el pasado, dejando en segundo lugar el presente, la experiencia vivida. Esa ciencia histórica no se interesa en transformar el conocimiento del pasado en algo útil para la existencia actual; limitase a cultivar una vana erudición, a registrar nociones que en nada contribuyen para el vivir. De acuerdo con Nietzsche, los historiadores modernos *momificaban* su conocimiento, deleitándose con el registro de un pasado muerto.[25] Nietzsche, a pesar de criticar la ciencia histórica de la modernidad, siempre destacó la importancia de la visión histórica de todos los problemas abordados. No sería posible analizar los problemas filosóficos de forma a-histórica, *sub specie aeternis*. Las cuestiones metafísicas, religiosas, morales no son generadas en un ámbito transcendente, eterno, alejadas de las vicisitudes concretas de la vida, pero en un contexto concreto, bajo condiciones efectivas de existencia de los diversos individuos y pueblos. Esta visión histórica será la matriz del método genealógico, plenamente desarrollado en la última fase de su pensamiento, principalmente en *Genealogía de la moral*.

Después de 1876, Nietzsche publica *Humano, demasiado humano, Aurora* y *La ciencia jovial*, que evidencian otra relación del autor con el arte, la ciencia y la filosofía, totalmente diferente de la que sustentó en la época de metafísica de artista. El filósofo sospecha de las convicciones metafísicas, religiosas, morales, pretendiendo *curarse* de las influencias románticas de su juventud,

[24] "*Quanto lamento agora que não tivesse então [cuando escribió El nacimiento de la tragedia] a coragem (ou a imodéstia) de permitir-me em todos os aspectos também uma linguagem própria para intuições e atrevimentos tão próprios (...) que iam desde a base contra o espírito de Kant e Schopenhauer (...)*" NT, *Tentativa de autocrítica*, 6.

[25] "*(...) precisamos dela [de la História] para a vida e para a ação (...). Somente na medida em que a história serve a vida queremos servi-la*". II *Consideración intempestiva*, 1.

imponiéndose la dura disciplina de las ciencias. Pero no se trata de adoptar una visión positivista de las ciencias, de cultivar el análisis puntual de datos, de desmenuzar minuciosamente *hechos*. Se trata de otra visión de las actividades científicas, proponiendo una *ciencia alegre,* irónica que se burla de todo aquello que durante milenios fue considerado *elevado*: religión, metafísica, moral, etc.[26] Esa *ciencia jovial* pretende discutir los fundamentos de esos productos de la cultura, buscando desvendar el origen concreto de conceptos e instituciones juzgados puros o ideales. En todas esas ideas e instituciones habría motivaciones corporales, impulsos orgánicos.[27] Toda idealidad surge de fuerzas inmanentes, de motivaciones humanas, *demasiado humanas.* En los prefacios de *Aurora* e de *La ciencia jovial* el autor utiliza dos imágenes significativas que expresan la nueva forma de analizar todos los pensamientos del hombre. Esas imágenes son *Trofonio*, pensador subterráneo, filósofo-topo, de *Aurora* y el médico filosófico, de *La ciencia jovial. Trofonio* simboliza la necesidad de reflexionar sobre todas las cuestiones humanas, mas no a partir de una supuesta idealidad, si no *descendiendo* a la dimensión subterránea, a aspectos obscuros y poco conocidos, a instintos recónditos del hombre.[28] Solamente después de *excavar* nuestros impulsos corporales podremos saber algo acerca de la procedencia de nuestras ideas. [29]Esta tarea solamente podría ser emprendida por un pensador singular, por un peculiar intérprete de los "bajos fondos". En *La ciencia jovial* encontramos la imagen del médico filosófico, que se articula con la propuesta interpretativa de Trofonio, filósofo topo.[30] ¿Cuál sería el papel de ese médico singular? Nietzsche, desde el bienio 1872-3, alude a un médico filósofo o médico de la civilización.[31] En esa época, los instintos son considerados fundamentales

[26] Cfr. *La ciencia jovial*, Prólogo, 4.

[27] "*Por trás dos supremos juízos de valor que até hoje guiaram a história do pensamento se escondem más-compreensoes da constituição física, seja de indivíduos, seja de classes ou de raças inteiras.*" *La ciência jovial*, Prólogo, 2.

[28] "*Neste livro se acha um ser subterrâneo a trabalhar, um ser que perfura, que escava, que solapa. (...) lentamente avançando, cauteloso (...) sem muito revelar da solidão causada pela demorada privação de luz e de ar, até se poderia dizer que está contente com o seu obscuro labor.*" *Aurora*, prólogo, 1.

[29] "*(...) não lhe perguntem o que busca lá embaixo, ele mesmo logo lhes dirá, esse aparente Trofonio e ser subterrâneo, quando novamente vier se "tornado homem"*"." *Aurora*, Prólogo, 1.

[30] "*Eu espero ainda que um médico filosófico (...) – alguém que persiga o problema da saúde geral de um povo, de uma época, de uma raça, da humanidade, tenha futuramente a coragem de levar ao cúmulo a minha suspeita e de arriscar a seguinte afirmação: em todo o filosofar (...) a questão não foi absolutamente "a verdade" mas algo diferente, como saúde, futuro, poder, crescimento, vida.*" *La ciencia jovial*, prólogo, 2.

[31] Wötling destaca que la imagen del médico filósofo ya está presente en la primera etapa de la obra nietzscheana: "(...) en las notas del invierno 1872-3 Nietzsche define por primera vez la tarea específica del filósofo a través

para la comprensión de todas las actividades del hombre. Toda acción, toda idea, toda creación humana es interpretada como un *síntoma* de un estado corporal. Por eso, es necesario analizar no la supuesta idealidad de la metafísica, de la moral, de la religión, sino los estados corporales que las gestaron. Así, el socratismo, la metafísica platónica y la religión judeo-cristiana pueden ser considerados *enfermizos*. El médico filósofo analiza los estados corporales que las originaron y constata enfermedad, disminución de poder y degradación vital. En resumen, en la época de la *ciencia jovial*, Nietzsche realizará una profunda crítica de las filosofías idealistas, de la moral, de la religión, y del arte romántico– como la wagneriana que tanto admiró en sus primeros escritos.

La consolidación de la obra

Después de 1881, con la elaboración de *Así habló Zaratustra*, se inicia la etapa denominada de *consolidación de la obra* de Nietzsche. En esa fase el autor desarrolla nociones centrales de su pensamiento: muerte de Dios, super-hombre, voluntad de poder, eterno retorno, nihilismo. Para avanzar en el problema nuclear de la presente reflexión, analizaré el papel de la ciencia en ese período de la obra nietzscheana. Recuerdo brevemente que ya abordé la función de la ciencia en las dos primeras fases de la obra del filósofo. Mostré que, en un primer momento, Nietzsche fue un profundo crítico de la ciencia, colocando en un lugar destacado el valor cognoscitivo del arte; ya en la segunda fase, la ciencia es profundamente valorizada, especialmente una ciencia singular: la *alegre ciencia*. Aunque Nietzsche haya modificado su interpretación sobre el papel cognoscitivo del conocimiento científico, lo que no cambió fue su propio interés por el estudio de las ciencias. Desde su inicial formación como filólogo, siempre estuvo profundamente interesado en acompañar las nuevas ideas de los científicos de su tiempo.[32]Incluso en la fase de metafísica de artista, el pensador alemán acompañó con gran interés las teorías de Lange, Darwin, Lamarck y otros científicos.

A partir de 1881, justamente en el año en que comienza a escribir *Zaratustra,* su interés por la biología, por las ciencias naturales y por la física aumenta.

---

del modelo médico: *El filósofo como médico de la civilización*". P. Wötling, *Nietzsche et le problème de la civilization,* Paris, PUF, 1995 (pp. 111-3).

[32] Para ahondar la relación de Nietzsche con las ciencias de su época, ver: C. Richter, *Nietzsche et les theories biologiques contemporaines*, Paris, Mercure de France, 1911; B. Stiegler, *Nietzsche et la biologie*, Paris, PUF, 2001; V. Lemm, *Nietzsche's Animal Philosophy*, Nova York Fordham University Press, 2009.

Retoma la lectura de Roux, biólogo que había leído en su juventud, con el objetivo de fundamentar su idea de la voluntad de poder. Nietzsche encuentra una base teórica para justificar su interpretación sobre la vida, entendida como permanente lucha de fuerzas, como composiciones temporarias de impulsos en oposición permanente. Él adopta la concepción de Roux del fenómeno vital, entendido como lucha incesante por el dominio, por asimilar lo ajeno, lo extraño.[33]

En esos años, Nietzsche estudia las teorías de biólogos, naturalistas y físicos que le ofrecen importantes subsidios para consolidar sus concepciones propiamente filosóficas acerca de la vida, de la voluntad de poder, del eterno retorno etc. La biología será decisiva para fundamentar su interpretación sobre las fuerzas y la voluntad de poder. Ya la física será esencial para sustentar su idea del eterno retorno. Entre los biólogos, Nietzsche estudia a Darwin, Lamarck, Rutimeyer etc. En 1884, la lectura de Rolph le permitirá justificar su tesis sobre la vida, entendida como voluntad de poder. La vida no será comprendida como un proceso de conservación, como afirma Darwin, sino como la permanente tendencia a *ser más*, a ampliar el poder, a dominar lo ajeno, a someter lo extraño.[34]También en ese mismo año el pensador presenta otra propuesta teórica que será relevante en el conjunto de su obra: "Partir del cuerpo y de la fisiología"[35], es decir, abordar todas las cuestiones teóricas adoptando el cuerpo como guía interpretativo. Incluso, el filósofo llega a contemplar la posibilidad de estudiar física en una importante universidad europea, para encontrar argumentos científicos que apoyen su tesis propiamente filosófica sobre el eterno retorno de todas las cosas.[36] El pensador alemán también valorizará la crítica de Boscovich al atomismo, cuando el científico sustenta que el átomo no sería la mínima partícula de la realidad.[37] Para Nietzsche, esa "constatación" será esencial para justificar su visión propiamente filosófica que contesta la existencia de todo tipo de entidades, tanto las denominadas externas como las

---

[33] Stiegler muestra claramente la influencia de la interpretación de Roux sobre el fenómeno vital en la teoría nietzscheana. Cf. B. Stiegler, op. cit.

[34] Cfr. B. Sitegler, 2001, p. 75 y siguientes.

[35] F. Nietzsche, *Fragmento póstumo*, 1886-7 5 (56).

[36] *"(...) quer ir a Paris para estudar as bases matemáticas do eterno retorno."* Cf. D. Halevy, *Nietzsche, uma biografia,* Rio de Janeiro: Campus, 1989, p. 217.

[37] *"Boscovich nos ensinou a abjurar a crença na última parte da terra que permanecia firme, a crença na "substância", na "matéria" (...) no átomo (...)."* *Más allá del bien y del mal,* [12].

consideradas internas.[38] Él acredita que la interpretación de Boscovich, de que el átomo no es un elemento simple, básico de la materia, le permitiría inferir que no existen entes en la realidad, que sólo hay flujo, juego de fuerzas, devenir.

A partir de las reflexiones anteriores, queda evidenciado que la influencia de teorías biológicas y físicas en la filosofía de Nietzsche es muy amplia. El análisis detallado de esas teorías excede el objetivo del presente trabajo. Por eso ahora centralizaré mis análisis para ahondar algunos aspectos centrales del método genealógico, desarrollado de forma cabal en *La genealogía de la moral.* En ese libro, el filósofo cuestiona las teorías tradicionales que pretenden desvendar el origen de la moral. Critica desde las tesis de los utilitaristas ingleses, hasta diversas doctrinas metafísicas y religiosas como el platonismo, el judaísmo y el cristianismo.

Esas doctrinas no tendrían en cuenta los factores concretos que dieron origen a todos los valores y a las diversas morales. Los valores y las diversas morales proceden, no de un origen metafísico, *azul*, sino de evaluaciones concretas, en situaciones históricas bien determinadas.[39] Por eso es preciso un trabajo *gris*, minucioso, para analizar esas situaciones concretas que determinaron la gestación de los valores. Todo valor manifiesta condiciones vitales: es *síntoma* de vida declinante o de vida ascendente. Nietzsche considera que la tarea genealógica de evaluar los valores es algo fundamental en su filosofía. Determinar el valor de los valores es esencial en el momento decadente que predomina en Occidente. Nietzsche muestra que es posible elaborar un *pronóstico* con el objetivo de superar el momento *enfermizo* que domina la humanidad. Él indica la posibilidad de una *transvaluación* de todos los valores que rescate las tendencias vitales, restableciendo las fuerzas en una sociedad declinante. En esa propuesta todas las disciplinas científicas deberían participar: filología, medicina, historia, psicología etc. Así, "las ciencias deben a partir de ahora preparar la tarea futura del filósofo (...) deben determinar la jerarquía de los valores."[40]

Resulta claro que, en esa etapa final de su obra Nietzsche le otorga a las ciencias un lugar de privilegio. Ellas subsidian la tarea propiamente filosófica:

---

[38] *"(...) segundo esse esquema o velho atomismo buscou, além da "força" que atua, o pedacinho de matéria onde ele fica e a partir do qual atua, o átomo (...) cerebros mais rigorosos aprenderam finalmente a passar sem esse resíduo da terra e talvez nos habituemos (...) a passar sem o pequeno isso (a que se reduziu a alma)."* ABM, 12.

[39] Cfr. GM, Prólogo, 7.

[40] Cfr. GM, Prólogo, 7.

determinar el valor de los valores. No obstante, es importante mostrar otra faceta diferente en esa interpretación nietzscheana de las ciencias. En *La genealogía de la moral* esas ciencias son exaltadas por colaborar en la tarea de evaluar los valores: contribuyen en la apreciación filosófica de los valores. Pero, en el mismo libro de 1887, principalmente en la Tercera Disertación, la ciencia es vinculada al ideal ascético que se opone a la vida. Conforme esa tesis, la ciencia sería eminentemente *ascética* ya que adoptaría un ideal de verdad oriundo de la tradición metafísica, siendo dominada por la *voluntad de verdad.*[41] Así, continuaría bajo la influencia de la metafísica platónica que siempre trató de desvendar una verdad esencial, situada más allá de la vida, del cuerpo, de los instintos. Por ese motivo, la ciencia no sería algo contrario al ideal ascético, sino su "forma más reciente, más noble."[42] La fe en la verdad dominaría aún todas las ciencias, que dependerían también del ideal ascético presente en la metafísica y en la religión. La ciencia alteraría apenas la forma de ese ideal: no cree en un mundo ideal, pero cree en una verdad que estaría más allá del mundo. La ciencia sería otra modalidad de la visión ascética del mundo, no representaría entonces un contra-ideal, una perspectiva totalmente contraria al ideal ascético.[43]

Nietzsche sustenta que el *contra-ideal* podría ser encontrado en el arte, que valoriza la ilusión, la falsedad, el error. Esas características aluden al carácter mutable de la vida, al juego de fuerzas del devenir que no anhela ninguna verdad esencial, eterna.[44] Resumiendo, en la última fase del pensamiento nietzscheano la ciencia es exaltada por contribuir de forma decisiva para subsidiar el pensamiento filosófico. Por otra parte, la ciencia también resulta cuestionada en el que sería su cometido esencial: buscar la verdad y condenar la ilusión, o sea, continuaría creyendo en el ideal ascético.

Consideraciones finales: el centauro y las ciencias

Comencé este trabajo discutiendo la postura de Nietzsche frente a las ciencias, analizando en qué medida él podría ser considerado un científico.

---

[41] Cfr. GM, III Disertación, 23.

[42] Cfr. GM, III Disertación, 23.

[43] Cfr. GM, III Disertación, 23.

[44] *"(...) a arte, na qual precisamente a "mentira" se santifica, a "vontade de ilusão" tem a boa consciência a seu favor, opõe-se bem mais radicalmente do que a ciência ao ideal ascético (...)."* GM, III, 25.

También partí del análisis de su propia afirmación de que él contendría en si impulsos diversos que lo llevarían a *engendrar centauros*, de que él estaría capacitado para crear en las ciencias, las artes y la filosofía. Analicé sus ideas sobre las ciencias en las distintas etapas de su obra. Percibí que él adopta diversas tesis sobre las ciencias. Ora las exalta, ora las critica, como en el final de su obra. En un sentido, destaca el valor de las ciencias por favorecer la tarea propiamente filosófica de establecer y evaluar valores. Por otro lado, las cuestiona, pues continuarían dependiendo del ideal ascético, así como la religión y la metafísica. Por esos motivos, evidencié que las tesis sobre las ciencias cambian a lo largo de su obra, mudando en diferentes libros y hasta en diferentes aforismos. De otro modo, destaqué que el pensador alemán valoriza siempre el arte, exaltando su voluntad de ilusión, de ficción, entendida como manifestación de vida ascendente.

¿Nietzsche científico? Científico *lato sensu*, estudió las teorías científicas más importantes de su época y supo dialogar con ellas, dedicando especial atención a cuestiones relevantes de la biología, de las ciencias naturales y de la física de la modernidad. Supo también incorporar esas tesis científicas y adaptarlas a sus ideas propiamente filosóficas. Así, Nietzsche conjugó –como sugerí al comienzo de esta indagación– tendencias *centáuricas*: operó con el rigor de los conceptos científicos, incorporándolos creativa y artísticamente a una obra filosófica singular.

Nietzsche$_3$: Radical Epistemology
Nietzsche$_3$: Epistemología Radical

Michael Schwab[1]

Part A: Foundations of Artistic Research

1 The year is 2014. It is 128 years since Nietzsche wrote this *Attempt at Self-Criticism*, 125 years since he stopped writing and 114 years since he stopped living altogether. To understand what 128 years mean in the history of thought, we could go back another 128 years before 1886 to the year 1758, which is thirty-one years before the French Revolution, twenty-three years before Kant published his first *Critique*, and forty years before the first issue of the *Athenaeum* was published. However, 1758 is eight years after Baumgarten"s *Aesthetica*, which announced the possibility that art could, one day, matter epistemically.

1 El año es 2014. Han pasado 128 años desde la fecha en la cual Nietzsche escribió su *Ensayo de autocrítica*, 125 desde que dejó de escribir y 114 desde que dejó de vivir. Para entender lo que significan 128 años en la historia del pensamiento, podríamos ir otros 128 años hacia el pasado, 128 años antes de 1886, o sea 1758: 31 años antes de la revolución francesa, 23 años antes de la primera *Crítica* de Kant, y 40 años antes de la publicación del primer volúmen del *Athenaeum*. Pero 1758 es también 8 años después de la *Aesthetica* de Baumgarten, un libro que anunció la posibilidad de que el arte podría tener relevancia epistémica.

2 The year is 2014. It is twenty-two years since in counties such as the UK artists could obtain what is called a "practice-led" doctorate in philosophy, though to this day many other countries still do not offer doctorates in art. It is one year since the European Research Council started to fund artistic

---

[1] Orpeheus Institute, Gante. (Bélgica)

research, though there are no books on the methodology or epistemology of artistic research available that could inscribe what we do into a horizon of 128 years, 256 years, or the history of thought in general. There are, however, positions that doubt whether methodologies or epistemologies of artistic research can ever be had, since the *logos* they claim to deliver may make the project contradictory and potentially impossible. This speculation about possible methodologies or epistemologies of artistic research represents a challenge to philosophy.

2 El año es 2014. Han pasado 22 años desde la fecha en la cual en países como el Reino Unido artistas pueden obtener doctorados en filosofía "guiados por la práctica", aunque muchos otros países todavía no ofrezcan doctorados en las artes. Hace un año que el Consejo Europeo de Investigación (ERC) empezó a financiar la investigación artística, a pesar de no existir libros dedicados a la metodología o epistemología de tal tipo de investigación, que nos permitirían situar el discurso en un horizonte de 128 años, de 256 años, o en la historia del pensamiento en general. Hay incluso quien cuestiona tales metodologías o epistemologías, ya que el *logos* que ellas prometen ofrecer puede ser contradictorio con el proyecto artístico, revelándose potencialmente imposibles. Pero la especulación sobre metodologías y epistemologías de la "investigación artística" presenta un desafío para la filosofía.

3 The problem with *logos* is already at play when we look at how philosophy approaches art. In general, for philosophy, art is either a territory to be conquered or a resource to draw from. Take the famous example of Heidegger, who needed a painting of shoes to open up a particular horizon of truth, short-circuiting art with a particular representation, as if things lower down, dirty perhaps, are more destined to tell us what art is and what the world is. Derrida, quite rightly, saw something gauche in this use and abuse, but, like Heidegger before him, also succumbs to the temptations of taste and interpretation when he uses the work of Valerio Adami in an attempt to leave his mark on art.

3 El problema con el *logos* se torna manifiesto cuando observamos la manera cómo la filosofía se acerca al arte. En general, para la filosofía, el arte es bien un territorio a conquistar, o bien una fuente de la cual extraer algo. Tomemos el famoso caso de Heidegger, quien necesitó de una pintura de un par de zapatos para abrir un horizonte de verdad particular, haciendo un corto-circuito hacia el arte con una representación específica de éste, como

si las cosas "bajas", sucias quizás, fueran más adecuadas para decirnos lo que es el arte y lo que es el mundo. Derrida, muy acertadamente, identificó algo problemático en este uso y abuso, pero, tal como Heidegger, terminó por sucumbir a las tentaciones de gusto y de interpretación al emplear la obra de Valerio Adami como una tentativa de dejar su marca en el arte.

4 When looking at art, philosophy slips in and out of the interpretation, which is a comfortable position, since in this construction art cannot really critique philosophy because it is always cushioned by this or that *dispositif* that makes it appear in philosophy in the first place. It is for this reason that Nietzsche, in those sentences, asks us to grasp the problem of "Wissenschaft" ("science") deep down enough –that is, "Wissenschaft" *as problem* –and demands that the values that guard its hegemony are overthrown in a transvaluation of all values and a radicalisation of art. At noon, when the shadows are briefest and the end of the longest error is reached, all comfortable concepts of art or philosophy have disappeared in the task to think anew what it means to know.

4 La filosofía, cuando considera el arte, entra y sale de la interpretación, lo que es una posición cómoda, ya que en esta construcción el arte no puede realmente criticar a la filosofía. El arte está siempre acolchado por este o aquel *dispositif*, utilizado para justificar la presencia del arte en la filosofía en cada caso. Es por esto que Nietzsche, en las palabras que recién escuchamos, cuestiona el problema de la "Wissenschaft" ("ciencia") –o sea, "Wissenschaft" *como problema*– y reivindica la derrocada de los valores hegemónicos, apelando a una transmutación de todos los valores y a una radicalización del arte. Al mediodía, cuando las sombras son más cortas y el fin del más grande error se alcanza, todos los conceptos confortables del arte y de la filosofía han desaparecido en la tarea de pensar de nuevo el significado de conocer.

5 The task of the artistic researcher is not only to think something but also to think how this something can be thought in order to meet it in a *just* way. In artistic research, a particular thing belongs to a particular world, which no other, preconceived world can replace or explain. Roland Barthes –in a different context– calls for an "impossible science of the unique being", a thinking particular to a particular.

5 La tarea del investigador-artista es no solo la de pensar en "algo", pero también de pensar como este "algo" puede ser pensado, para que este algo se pueda encontrar en una manera "justa". En investigación artística una cosa

específica pertenece a un mundo específico, el cual no puede ser reemplazado ni explicado por ningún otro. Roland Barthes –en un contexto diferente– clama por una "ciencia imposible del ser único", un pensamiento especifico a una especificidad.

6 The project of this impossible science was already sketched by early Romantic thinkers, most importantly by Friedrich Schlegel and Novalis, but also by Hölderlin. The Romantic project radicalised Kant"s critical project in the name of art and through art. What if imagination was not to serve the understanding and the arrow of cause and effect was to be turned on its head, pointing backwards from reason to the manifold of the world and the unique being within it?

6 El proyecto de una tal ciencia imposible ha sido ya esbozado por los primeros románticos, especialmente por Friedrich Schlegel y Novalis, pero también por Hölderlin. El proyecto romántico radicalizó el proyecto crítico de Kant en nombre del arte y por a través del arte. ¿Y si acaso la imaginación no existiese para servir el entendimiento y tuviéramos que invertir la flecha de causa y efecto?, si tuviéramos que apuntarla hacia atrás, desde la razón hacia la multiplicidad del mundo y del ser único dentro de él?

7 In general, there is very little to be said as thought approaches a particular, apart from that we expect its form to also change since on the level of the particular there is no difference between matter and form, nothing other a thing would also be apart from what it is. For Nietzsche that meant that thinking had to break out of stasis and that attention had to be given to its movement, melody, and potential for resonance. Philosophy with the hammer must break as it wills sound; to each thing –and also to ourselves– we have to find a song and a dance.

7 En general hay muy poco que decir cuando el pensamiento se acerca a un detalle, fuera de esperar que su forma varíe, pues al nivel del detalle no hay diferencia entre materia y forma. Nada diferente a una cosa podría separarse de lo que es. Para Nietzsche esto significó que el pensamiento debía de romper hacia fuera de la estasis, y había que dar atención a su movimiento, melodía y potencial de resonancia. La filosofía con el martillo debe romper, ya que desea sonido; ya que cada cosa –también nosotros– debe encontrar una canción y una danza.

8 However, lets not forget that later in Nietzsche"s century, as the notion of art became entrenched in its metaphysical function, when both Hölderlin

and Novalis were dead and Schlegel had converted to Catholicism, a voice was needed to rescue the project. This voice we know by the name of Friedrich Nietzsche. Nietzsche was a late early Romantic during a time when all easy solutions were exhausted, philosophically and also artistically, and when an idealisation of art was art"s greatest enemy. During this time, innocence ceased to be an option and affirmation could only appear as violence.

8 Sin embargo, no olvidemos que en el siglo de Nietzsche, cuando la noción de arte ha sido capturada por su función metafísica, cuando tanto Hölderlin como Novalis estaban muertos y Schlegel se había convertido al catolicismo, una voz era necesaria para salvar el proyecto. Esta voz ha sido la de Friedrich Nietzsche. Nietzsche ha sido un tardío pre-romántico en un tiempo en el cual todas las soluciones fáciles estaban agotadas, tanto filosófica como artísticamente, y cuando una idealización del arte era el más grande enemigo del arte en sí mismo. Durante este tiempo la inocencia dejó de ser una opción válida, y la afirmación solo pudo aparecer como violencia.

9 The relationship between art and artistic research must thus also be tense. Artistic research cannot afford to idealise art as its origin but must challenge art when it fails to understand that it is not art that matters but a *just* relationship to each and every thing and its world. Artists who are researchers upset the history of art that is set up to control any possibly future. As they break with this history, artistic researchers do things unacceptable to art since license is taken to experiment with that cherished history and to sing and dance against the grain. As they do this, artistic researchers must also contradict a philosophy that protects the impossibility of a science of the unique being, suggesting to art that it cannot enter the field of knowledge and that negativity is its name and silence is its virtue.

9 Es por esto que la relación entre "arte" e "investigación artística" debe permanecer tensa. La investigación artística no puede permitirse una idealización del arte como su origen; ella tiene que desafiar el arte, especialmente cuando esta falla en entender que lo que cuenta no es arte sino que las relaciones "justas" entre las cosas entre sí mismas y con su mundo. Artistas que son investigadores provocan un trastorno en la historia del arte que pretende establecer control y vigilancia. Rompiendo con la historia, investigadores-artistas hacen cosas inaceptables para el arte, ya que se toman licencias para experimentar con la historia y para cantar y danzar a contrapelo. Al hacerlo, los investigadores-artistas tienen también que con-

tradecir aquella filosofía que protege la imposibilidad de una ciencia de un ser único, sugiriendo al arte que no puede entrar en el territorio del conocimiento y que negatividad es su nombre, y silencio su virtud.

Part B

1 Radical epistemology has broken free from ontology. What the world can be is limited only by our ability to radicalise our *episteme*, not by what the world is. If we need ontology, it is only to project a basis in Being as the consequence of a type of thought that still is in need of such basis. Nietzsche"s term "Artisten-Metaphysik" reveals that from now on philosophy is in the service of art, providing an imagined framework for the kind of intellectual acrobatics that only artists can perform.

1 La epistemología radical se ha independizado de la ontología. Lo que el mundo puede ser está limitado solamente por nuestra capacidad de radicalizar nuestra "episteme", y no por lo que el mundo es. Si acaso aún necesitamos una ontología, es solamente para proyectar una base en el Ser, como una consecuencia de un tipo de pensamiento que todavía necesita de esa base. El término que Nietzsche emplea –"Artisten-Metaphysik"–revela que, a partir de ahora, la filosofía está al servicio del arte, ofreciendo un marco imaginario para el tipo de acrobacias intelectuales que solo artistas pueden realizar.

2 Radical epistemology is nihilism, whose "nothing" expresses the absence of any ground other than what can be made here and now. Only through nihilism can artists "experiment on the truth", finding out what else "truth" can be. Thus, there can necessarily only be truth as multiple as the expression of the openness of experimental practice that is always plural. In fact, becoming multiple is one of the signs of radical epistemology. That which remains singular, flat, and homogenous will not (yet) have been opened up to knowledge.

2 La epistemología radical es un nihilismo cuyo "nada" expresa la ausencia de cualquier fundamento más allá de lo abordable aquí y ahora. Es únicamente a través del nihilismo pueden los artistas "experimentar acerca de la verdad", elucubrando lo que puede ser otra "verdad". Es por esto que únicamente puede haber verdad como una multiplicidad, como expresión de apertura hacia una práctica experimental que es siempre plural. De hecho,

devenir-múltiplo es una señal de epistemología radical. Lo que permanece singular, llano y homogéneo todavía no se ha abierto hacia el conocimiento.

3 Only experimental practice can create such fragmentary knowledge; or rather, within radical epistemology, fragmentary knowledge can only be achieved creatively. From now on, fragmentary knowledge is the only kind of knowledge to be had since all other knowledge shows itself subservient to belief systems external to practice – and, not to abolish but to take intellectual responsibility for our beliefs is what we need to do.

3 Solo la práctica experimental puede generar tal conocimiento fragmentario; o, mejor, en el marco de una epistemología radical, el conocimiento fragmentario solo se puede alcanzar creativamente. A partir de ahora el conocimiento fragmentario es el único posible – pues todo otro tipo de conocimiento es servil a sistemas de creencias exteriores a cualquier práctica. Y lo que necesitamos no es abolir, pero incitar a una responsabilidad intelectual hacia nuestras creencias.

4 Each object of knowledge – each epistemic thing – is a fragment that every time it appears challenges the ensemble of all other epistemic things. It does so not because it invalidates what was previously epistemically achieved in a grand extension of history, but because it *is* a world. Doing justice to that world requires experimentation to continue. The only *just* representation of a world is its transformation. If experimentation was to finish or weaken, the epistemic thing that is a world disappears in a knowledge of a different kind an enriched status quo of truth without consequence, the last man of technology, us as globalised, "Western", and hermetic culture.

4 Cada objeto de conocimiento –cada "cosa epistémica"–es un fragmento que, cada vez que aparece, desafía el conjunto formado por todas las otras cosas epistémicas. No porque invalide aquello que se ha logrado previamente, pero porque es un mundo en sí. Hacer justicia al mundo requiere la continuidad de la experimentación. La única representación "justa" del mundo es su transformación. Si acaso la experimentación se concluyera o debilitara la cosa epistémica, que es un mundo en sí, éste se diluiría en un tipo de conocimiento diferente un estado enriquecido de verdad sin consecuencias, el último hombre de la tecnología, nosotros en cuanto cultura global, "occidental", hermética.

5 Experimentation keeps ontology suspended and epistemology radical only if it embraces the fragmentary. If before Nietzsche, in an early Romantic

dream, the fragmentary could be imagined in some form of higher world that is poetically removed from the world I live in, after Nietzsche, the fragmentary is first of all violence. This violence is a response to the late-Romantic sleep that harmed Romanticism"s epistemic project. Philosophy with the hammer is a violent (art) criticism in search of survivors that no analysis of form could ever find. However, what looks like violence to most is love and respect to the fragmentary. It is affirmation –and so is the becoming-fragment of one"s self.

5 Experimentación mantiene la ontología suspendida y la epistemología radicalizada sólo si se acoge al fragmentario. Si antes de Nietzsche, en un temprano sueño romántico, lo fragmentario pudiera ser imaginado como algo superior, poéticamente aislado del mundo en donde vivimos, después de Nietzsche lo fragmentario es el preámbulo a la violencia. Esta violencia es una respuesta al sueño romántico tardío, lo que debilitó el proyecto epistémico. La filosofía con el martillo es un criticismo (artístico) violento, en búsqueda de supervivientes que ningún análisis formal pudo encontrar. Sin embargo, aquello que parece pura violencia para muchos, es un acto de amor y respeto hacia el fragmentario. Es afirmación – y así es el devenir-fragmento del propio yo.

6 Radical epistemology is fragmentary epistemology. The fragment is neither only *mythos* and one nor only *logos* and dispersed; the fragment connects as opposition what otherwise simply remains opposed. Radical epistemology thus links the incomplete with the complete and imbues any specific epistemic thing also with the powers to make a world in which everything else is implied. It is by virtue of the necessary multiplicity of these worlds that each fragment is not simply a piece of an otherwise whole structure; rather, the infinite order of possible worlds insures the fragmenticity of each fragment, giving radical epistemology power and scope to engage with meaning on the highest possible level, which is accessible only in the imaginary. Within the paradigm of the fragmentary, pushing for specificity and incompleteness on all levels is the difficult task of knowledge.

6 La epistemología radical es una epistemología fragmentaria. El fragmento no es ni solamente "mythos" y uno, ni solamente "logos" y disperso. El fragmento conecta como oposición a aquello que de otro modo simplemente permanence opuesto. La epistemología radical conecta el incompleto y el completo; y confiere a cada cosa epistémica el poder de transformarse en un mundo en el cual todas las demás están implicadas. Y es gracias a la ne-

cesaria multiplicidad de estos mundos que cada fragmento es más que solo una pieza en una estructura vacía. Es el orden infinito de mundos posibles que garantiza la fragmenticidad de cada fragmento, dando a la epistemología radical poder para dedicarse a cuestiones de sentido del más alto nivel, un sentido sólo accesible en el imaginario. La difícil tarea del conocimiento se encuentra, así, localizada dentro del marco del fragmentario, empujando hacia la especificidad y a lo incompleto a todos los niveles.

7 However, the fragmentary not only points beyond the epistemic thing towards a world, it also indicates that the fragment itself already has the status of such a world, since its completeness as fragment is of the same order as that of the completeness of its world. The heterogeneity of the fragment within radical epistemology corresponds to the impossibility of containing meaning in any single unit, the fragment included.

7 Sin embargo, lo fragmentario no sólo apunta hacia más allá de la cosa epistémica, hacia un mundo, sino que también indica que el fragmento en sí mismo ya posee estatus de ese mismo mundo, ya que su culminación como fragmento es del mismo orden de la culminación de su mundo. La heterogeneidad del fragmento dentro de la epistemología radical corresponde a la imposibilidad de contener significado en cualquier unidad singular, incluyendo el fragmento.

8 The same is true for history. While historical epistemology accepts the movement of the *episteme*, it does so through confluence and synchronisation, with the result that *a* future of knowledge becomes possible. Radical epistemology, on the other hand, radicalises the temporal movement of the *episteme* through asynchronous, temporal diversity, producing not only multiple futures but the possibility that those futures may, historically speaking, be in the past. Thus, epistemic things can change history not only by changing a future that sits on a stable past but also by changing the past itself and all futures that come with it. There is no single and simple passing of time, no truth-history in which we share a point of presence, since each epistemic thing has its own temporal horizon as past and future worlds, and so have I.

8 Lo mismo es cierto para la historia. Mientras la epistemología histórica acepta el movimiento de la "episteme", lo hace a través de la confluencia y de la sincronización, con el resultado de que "un" futuro del conocimiento se torna posible. La epistemología radical, por otra parte, radicaliza el movimiento temporal de la episteme a través de la diversidad temporal,

asincrónica, produciendo futuros múltiples pero también la posibilidad de que tales futuros (hablando históricamente) ocurran en el pasado. Es así como las cosas epistémicas pueden cambiar la historia, no solo cambiando el futuro que asentado en un pasado estable, sino que también cambiando el mismo pasado y todos los futuros en él contenidos. No hay tal cosa como un único y simple paso del tiempo, ninguna "historia-verdad" en la cual compartamos puntos de referencia, ya que cada cosa epistémica tiene su propio horizonte temporal entendido como multiplicidad de mundos pasados y futuros –Lo mismo que yo poseo.

9 Radical epistemology seeks the fragmentary in a world that looks either rigid or broken, and whose parts do not speak of their potential to each be a world. This situation is stabilised by ontology, which is both a product of epistemic activity and its adversary. Thus, a radicalisation is made necessary that deconstructs and keeps at bay all attempts to ground knowledge in anything other than an epistemic practice that is experimental and which tries to detect the fragmentary status of whatever is given.

9 La epistemología radical busca lo fragmentario en un mundo que se nos revela tan rígido como roto, y cuyas partes constitutivas no hablan de su potencial de, cada una, ser un mundo posible. Esta situación es estabilizada por la ontología, la cual es tanto un producto de la actividad epistémica como su adversario. Por eso, se hace necesaria una radicalización que deconstruya y mantenga al margen todas las tentativas de fundar cualquier cosa que no sea una práctica epistémica experimental y que intente detectar el estatus fragmentario de lo que sea dado.

10 While everything is always a fragment, full and unique worlds are not always implied. Radical epistemology may be unable to deliver criteria for fragmentary knowledge, but it can offer operations and processes that may amount to practices and methodologies, which, heterogeneous in themselves, may not be nothing but still disappoint those who expect simple answers. Science, post-deconstruction, can only be artistic.

10 Aunque todo sea siempre fragmentario, no siempre están implícitos mondos llenos y únicos. La epistemología radical puede ser incapaz de ofrecer criterios para un conocimiento fragmentario pero puede ofrecer operaciones y procesos que pueden sugerir practicas e metodologías, las cuales, heterogéneas en sí mismas, podrán todavía frustrar todos aquellos que esperan respuestas simples. Ciencia, pós-deconstrucción, solo puede ser artística.

Fragmentos de un discurso musical[1]

Paulo de Assis[2]

The work of the intellect is to show that what is, does not have to be, what it is.[3]

I. Nietzsche-compositor

El Nietzsche-compositor es un evento infinitamente menos relevante que el Nietzsche-filósofo. Sus obras musicales fueran compuestas casi exclusivamente en su adolescencia, especialmente entre 1854 (*Melodiefragment* para piano solo) y 1863 (*Ermanarich* para dos pianos), entre sus diez y diecinueve años de edad. Hasta 1874 continúa con la creación de otras piezas, epigonales, incluyendo la *Manfred–Meditation* (para piano a cuatro manos, del 1872), el *Gebet and das Leben* (poema de Lou Andreas-Salomé, del 1882 [1874]) y el *Hymnus auf die Freundschaft* (1874). La parte sustancial de su producción musical se sitúa así en el periodo anterior a su decisión de tornarse, primero un filólogo, luego un filósofo, y no un compositor profesional. Mientras Nietzsche-filósofo, con su provocadora sonrisa, construyó una nueva imagen del pensamiento, Nietzsche-músico, con su reverencia proto-religiosa, apenas repitió esquemas y valores de su tiempo. La distancia que separa al Nietzsche-compositor del Nietzsche-filósofo es semejante a la que separa al camello del niño.

[1] Orpheus Institute, Gante, Bélgica. Este articulo desarrolla el componente teórico implícito en la performance "El fragmento en sí mismo" para voz, piano, electrónica y proyección de video realizada el día 9 de Mayo de 2014 en el marco del III Congreso Internacional de Epistemología y Metodología "Nietzsche y la Ciencia", organizado por Esther Díaz de la Universidad Nacional de Lanús, en la Biblioteca Nacional de Buenos Aires. Los participantes en esa performance (todos asociados al Orpheus Institute de Gante) fueron: Paulo de Assis, piano y texto; Michael Schwab, texto; Valentin Gloor, voz recitada y cantada; Juan Parra Cancino, electrónica.

[2] Orpeheus Institute, Gante. (Bélgica)

[3] M. Foucault en S. Lotringer (ed.) *Foucault Live: Interviews 1966-1984*, New York, Semiotext(e), 1989, p. 252.

II. Monstruosidades, religiosidad y opera

Para el joven Nietzsche el artista creador actuaba como un "médium": algo o alguna entidad desconocida componía a través él y el artista permanecía separado de su creación, llegando incluso a sentir una relativa extrañeza hacia ella. Como si no fuera *su* creación. En la última página del poema sinfónico *Ermanarich*, Nietzsche se refiere a una nota sencillamente errónea –un mi bemol en un acorde de re menor– como algo molesto pero no modificable, ya que su impulso natural ha sido el de escribirla. En una carta a Pforta, del seis de Junio del 1862, Nietzsche escribió:

> El dolor universal es introducido por armonías ásperas y dolorosas que inicialmente no me gustaban para nada. Ahora, después de haber repasado toda la obra, me parecen algo menos problemáticas y más disculpables. El atosigamiento y la persecución salvaje de las pasiones con sus transiciones bruscas y tempestuosas produce monstruosidades (*Ungeheuerlichkeiten*) armónicas respecto de las cuales no me puedo permitir hacer un juicio. Lo más horrible (*das Entsetzlichste*) es el salto de Re bemol mayor en *fortíssimo*, con las notas Fa-La-Do bemol-Re, con un La en el bajo. El siguiente Re menor es misterioso–especialmente molesto es el Mi bemol en el registro grave.[4]

Las composiciones de Nietzsche respiran una atmosfera general muy emocional, abiertamente religiosa, y tendencialmente cargada de un pathos exacerbado. La influencia de la música eclesiástica coral es notoria, especialmente de la música religiosa de Haendel, Bach, Mozart y Palestrina. En sus escritos autobiográficos del 1858 –con catorce años de edad–, escribió:

> Estuve en la iglesia en el día de Ascensión y he escuchado el coro sublime del Mesías: el Hallelujah. Mi deseo impulsivo ha sido el de unirme al coro, pues me pareció que este canto jovial de los ángeles, bajo intensos truenos, elevaba a Jesucristo hacia el cielo. Allí mismo he decidido componer algo semejante. Inme-

[4] F. Nietzsche, *Nietzsche: Untimely Meditations*, ed. Daniel Breazeale, trand. R. J. Hollingdale, 2 edition, Cambridge / New York, Cambridge University Press, 1997, p. 330. En el original alemán: "Der Weltschmerz wird durch seltsame Harmonien eingeführt, die sehr herbe und schmerzlich sind und mir anfangs durchaus missfielen. Jetzt erscheinen sie mir durch den Gang des Ganzen etwas wenigstens gemildert und entschuldigt. Das Drängen und Jagen der Leidenschaft zuletzt mit ihren plötzlichen Übergängen und stürmischen Ausbrüchen strotz von harmonischen Ungeheuerlichkeiten, über die ich nicht zu entscheiden wage. Das Entsetzlichste ist der Sprung aus Des-Dur in ffff, f-as-ces-d, mit a im Basstremolo. Das folgende d-Moll ist mysteriös, besonders stört das tiefe Es darin."

> diatamente después de regresar de la iglesia he empezado a trabajar en ello, y me alegraba como un niño con cada nuevo acorde que tocaba. Por muchos años he continuado ese proyecto y con los estudios de composición he mejorado mucho mi lectura a primera vista. He desarrollado también el más profundo odio hacia la música moderna y hacia todo aquello que no es clásico. Mozart y Haydn, Schubert y Mendelsohn, Beethoven y Bach son las columnas sobre cuales se fundan la música alemana y yo mismo.[5]

La ejecución al piano de obras de Schumann y Beethoven –por ejemplo, la sonata op. 31/2, "La Tempestad"– era otra de las actividades musicales centrales del muy joven Nietzsche. En 1860, el descubrimiento del *Tristán e Isolda* de Wagner, tocado al piano en la versión para cuatro manos de Hans von Bülow, fue un acontecimiento de enorme impacto, llevando a Nietzsche incluso a pensar en componer una ópera basada en el tema eslavo del rey Ermanarich. En general, la música de Nietzsche revela raíces profundamente conservadoras, arcaicas, fieles reflejos de su tiempo –una música muy tempestiva, muy *Zeitgemäβ*. Fragmentos de obras como el *Miserere* o el *Requiem* de la planeada *Misa* (1860) constituyen páginas musicales que podrían haber sido escritas por muchos jóvenes compositores del espacio cultural Austro-Germánico de la segunda mitad del siglo diecinueve. En este sentido se trata de una música de tendencias reactivas, subordinada a su tiempo, a sus creencias, a sus costumbres, a su *habitus*. Nada en esta música sugiere un devenir-otro, una actitud de rebelión contra los valores de su tiempo, ni cualquier jovialidad del espíritu. Se trata de música seria, demasiado seria.

III. El peso opresivo de *Ermanarich*

En el verano de 1861 Nietzsche ha compuesto la primera versión de *Ermanarich*, un poema sinfónico para dos pianos, siguiendo el modelo de la *Sinfonía-Dante* de Liszt. Un año más tarde, en 1862, compuso una versión para piano solo y en Noviembre de 1863 se dedicó a una intensa investigación de la leyenda húngara de Ermanarich, el rey de los Ostrogodos, consultando bibliotecas e escribiendo un texto de sesenta páginas sobre este tema. Finalmente, en 1865, con 21 años de edad, Nietzsche prepara un *libretto* para una ópera basada en esta historia.[6]

---

[5] F. Nietzsche, *Die frühen Autobiographischen Schriften* (ed.Kai Agthe), Wartburg, Weimar 2003 [1858], p. 23.

[6] Cfr. C. P. Janz en *Friedrich Nietzsche–Der musikalische Nachlass* (ed. C.P Janz), Bärenreiter, Basel, 1976, pp. 330-332.

Según Curt Paul Janz, Nietzsche se acercó al tema, en primer lugar, con un abordaje puramente sensorial, descuidando inicialmente tanto la precisión histórica, como la forma literaria de la narrativa. En sus observaciones autobiográficas de 1862, Nietzsche anotó lo siguiente:

> En aquellos días [fines de Septiembre de 1861] el contenido de la leyenda Ermanarich tuvo un impacto tremendo en mí. Estaba todavía demasiado emocionado como para poder escribir un poema a partir de tal historia. Fue en la música que mi estado de ánimo ha encontrado un modo de expresión –fue en la música que la leyenda de Ermanarich se reencarnó completamente. Mi única duda ha sido como nombrarla: *Ermanarichsymphonie* o *Serbia*, ya que yo tenía el plan de hacer una pieza musical que pudiera contener el mundo de sentimientos de una cultura eslava.[7]

Al final, lo que ha quedado no ha sido ni una *Ermanarichsymphonie*, ni una ópera *Serbia*, si no tan sólo un poema sinfónico para piano, con un programa casi operático en catorze secciones, describiendo las agitadas bodas de Ermanarich con Swanhild y el conflicto padre-hijo de Ermanarich con Rwande (quien secretamente ama a Swanhild), eventos rodeados por un cortejo matrimonial e incluso por fragmentos de una marcha nupcial. El final no es una conclusión, funcionando más como el fin de un primer acto de una ópera inconclusa. Nietzsche escribió inmediatamente después de la composición:

> Así que allí tenía todo el fragmento delante de mí, agobiante por su carácter salvaje y crudo. Ahí está, aguardando una solución, aguardando la liberación de su peso opresivo que ahora mismo sobrecarga el final.[8]

IV. Carta a Malwida von Meysenburg

En los últimos meses del 1874 Nietzsche realizó una revisión completa de sus obras musicales, justo antes de parar definitivamente su actividad de "compositor". El 2 de Enero de 1875, escribió una importante carta a su amiga

[7] Ibid. p. 330. Cfr. *Historisch-Kritische Gesamtausgabe (Werke, Briefe Nietzsches)*, ed. C. Beck, München 1934-1942, vol. II, p. 101.

[8] Ibid. p. 330.

Malwida von Meysenburg, donde se puede leer una sorprendente declaración de identidad profunda:

> Me parece extremadamente curiosa la fuerza con que el carácter inmodificable de una persona se revela en su música y a través de su música. Lo que un joven chico expresa en música, eso es de tal modo el lenguaje de su esencia profunda [*Grundwesen*] que el viejo no puede desear cambiarlo. Y ahora, cuando él mismo se ha vuelto viejo, él encuentra en sus composiciones la manifestación de la esencia fundamental de su naturaleza completa.[9]

La significativa importancia de esta declaración deriva de que ha sido escrita en 1875, es decir, después de la escritura de sus primeras obras filosóficas exitosas –como *El origen de la tragedia en el espíritu de la música*, de 1872, segunda edición de 1874– y, aún más relevante, de su segunda *Consideración Intempestiva* (1874). El hecho que Nietzsche en esta fase de su vida considere a sus composiciones musicales como un reflejo de "el lenguaje de su esencia profunda" nos indica su particular concepción de la música como aislada y fundamentalmente diferente de la actividad filosófica y nos revela una compleja tensión entre el Nietzsche músico y el Nietzsche filósofo. Uno no coincide con el otro.

V. Basilea, 1873-1874: la irrupción de lo intempestivo

En Octubre de 2005, en la Facultad de Arquitectura de Venecia, Giorgio Agamben comenzaba su seminario anual de filosofía teórica con una presentación titulada "¿Qué es lo contemporáneo?" Inspirado por Roland Barthes y Friedrich Nietzsche, Agamben observaba lo siguiente:

> Aquellos que son verdaderamente contemporáneos, que verdaderamente pertenecen a su tiempo, son aquellos que ni coinciden perfectamente con él, ni se adaptan a sus demandas. Ellos son, en este sentido, intempestivos. Pero, precisamente debido a esa condición, precisamente a través de esa desconexión y anacronismo, ellos son mucho más capaces que los demás de percibir y sentir su propio tiempo.[10]

---

9 K. Schlechta, "Zum Geleit", en C.P. Janz (ed.) *Friedrich Nietzsche–Der musikalische Nachlass*, Bärenreiter, Basel, 1976, p. viii.

10 G. Agamben, *What Is an Apparatus? –And Other Essays*, Stanford (California), Stanford University Press, 2009, p. 40.

Según Agamben, lo contemporáneo se relaciona con el presente a través de mecanismos de reconocimiento del presente –la actualidad– como algo fundamentalmente arcaico. Sólo aquellos capaces de percibir e identificar "los indicios y señales de lo arcaico en las más modernas y recientes"[11] cosas y eventos, solo ésos pueden ser realmente considerados "contemporáneos". La contemporaneidad sería, en primera instancia, una actitud crítica respecto a su mismo tiempo. La contemporaneidad relativa al presente se podría caracterizar por una desconexión, un estar fuera de las articulaciones corrientes y mundanas.

> Aquellos que coinciden demasiado bien con su época, aquellos que están perfectamente conectados a ella en todos sus aspectos, esos no son contemporáneos, exactamente por qué no llegan a verla; son incapaces de fijar contundentemente su mirada en ella.[12]

El ensayo de Agamben, con su famoso virtuosismo y erudición, explora el concepto de lo contemporáneo en relación a un poema de Mandelstam, a las interacciones de luz y oscuridad en astrofísica, a la moda, a la noción de *Arkh* , y con una idea de heterogeneidad fundamental de los varios tiempos. Pero todo el ensayo se puede entender como un ciclo de variaciones sobre un tema de inspiración nietzscheana. Un tema cuya formulación más concisa la debemos al semiólogo francés Roland Barthes, quien en 1979 afirmó que "lo contemporáneo es lo intempestivo".

Barthes, en su última serie de seminarios en el Collège de France, en el año académico 1979-1980 –titulado "La preparación de la novela"–, presentó una concepción del acto de escribir como un acto de resistencia contra el tiempo propio del escritor. Fue en este marco que Barthes se refirió al carácter intempestivo (*l 'inactualité*) del escritor como una forma de marginalización, una inadecuación entre su tiempo específico y el tiempo del mundo a su alrededor. En la clase del 16 de Febrero de 1980 –cuatro semanas antes de su trágica muerte– Barthes ha especificado en detalle tal relación: "La actualidad chantajea constantemente a cualquiera que intente olvidarla".[13] Es

---

[11] Ibíd., 50.

[12] Ibíd., 51.

[13] R. Barthes, *La Préparation du roman I et II : Cours au collège de France, 1978-1980*, Paris, Seuil, 2004, p. 352. En el original: "Il y a une sorte de chantage permanent de l 'Actualité à quiconque l ' oublie".

precisamente en la resistencia a este chantaje, en la afirmación de mundos alternativos virtuales, infinitos y posibles que la actualidad es desafiada. Lo intempestivo sería así el resultado de esta resistencia contra la actualidad.

Roland Barthes, dada palabra usada (*inactuel* = intempestivo), desde luego se está refiriendo a las *Consideraciones Intempestivas* de Nietzsche, particularmente a la segunda –"Vom Nutzen und Nachtheil der Historie für das Leben" (Sobre la Utilidad y el Perjuicio de la Historia para la Vida), de Febrero de 1874. Como observó Daniel Breazeale en su "Introducción" a la traducción inglesa (1997) de dicha obra:

> [...] perhaps the most important feature of the second Meditation is precisely the way in which [Nietzsche] seeks simultaneously to concede the inescapable historicity of human existence and to affirm the creative capacity of human beings to overcome themselves and their past. [...] Nietzsche''s project was to show how human life requires both a "historical" and an "ahistorical" perspective upon ourselves.[14]

Nietzsche valientemente expresa su enojo respecto a muchas de las características más salientes del paisaje político, filosófico e intelectual de la civilización europea de su tiempo. De manera crucial, Nietzsche expone la creciente conciencia de su tendencia y vocación profunda como pensador crítico – y no de académico universitario convencional. Breazeale señala que "fue con las *Consideraciones Intempestivas* que Nietzsche tuvo el coraje de decir "No!" a su tiempo, a su época, a sus colegas académicos y, claramente, a partes muy importantes de sí mismo [...].[15] Una de ellas: su música y su musicalidad.

El uso específico del término "intempestivo" (*Unzeitgemäss*) – con el cual Nietzsche incluso firmaba sus postales en ese periodo de su vida– merece un breve comentario. Nietzsche lo utilizó por primera vez en una carta a Rhode del 17 de Agosto del 1869. En esa carta, cuyo tema es la música de Wagner, a quien Nietzsche entonces aún admiraba, Nietzsche busca una explicación para la in-

[14] [...] Tal vez la característica más importante de la segunda meditación es precisamente la forma en que [Nietzsche] busca simultáneamente a conceder la historicidad ineludible de la existencia humana y afirmar la capacidad creativa del ser humano para superarse a ellos mismos y a su pasado. [...] El proyecto de Nietzsche era mostrar cómo la vida humana requiere tanto de un "histórico" y una perspectiva "ahistórica" sobre nosotros D. Breazeale en *Nietzsche: Untimely Meditations*, Cambridge, Cambridge University Press, 1997, p. xv.

[15] Ibíd., p. xxv.

capacidad de Wagner de conquistar reconocimiento público. Contrariamente a aquellos artistas que obtienen inmediato reconocimiento y popularidad de parte del público, Wagner es descrito por Nietzsche como alguien firmemente aferrado a su propio poder, con su mirada fija en lo que está más allá de lo efímero –"intempestivo en el mejor sentido de la palabra".[16] Según Breazeale:

> Any doubt about how Nietzsche understood the term "untimely" is removed by a careful reading of Strauss [the First Meditation], which is very largely an attack upon the sovereignty of "public opinion" as an arbiter of taste, values and truth itself. (Ours, he reminds us in section 2 of Schopenhauer as Educator [the 3rd Meditation], is "the age of public opinion"). Whereas the slave of public opinion strives always to be "timely", a declared critic of the same will instead flaunt his deliberate "untimeliness".[17]

Lo intempestivo se opone a lo actual, a todo lo que en un tiempo dado contribuye a reforzar las estructuras arcaicas de la temporalidad misma, a todo lo que es reactivo. Lo intempestivo es un modo de escapar de la carga inmensa de los valores heredados e impuestos, de las costumbres enmascaradas como erudición, de las prácticas gregarias.

VI. Wagner

Antes de ser anti-wagneriano, Nietzsche había sido un admirador profundo de algunas obras de Wagner. Por sobre todas, el *Tristán e Isolda*, que ha descubierto y tocado al piano en 1860, con dieciséis años de edad. Nietzsche se refiere a ese descubrimiento impactante en el *Ecce Homo*, en la sección "Warum ich so klug bin", en la cual se refiere también a la crítica que realizaría posteriormente (después de 1874):

---

[16] Ibíd., p. xlv.

[17] Cualquier duda acerca de cómo Nietzsche entiende el término "no-tiempo" se elimina mediante una lectura cuidadosa de Strauss [la Primera Meditación], que es en gran medida un ataque a la soberanía de la "opinión pública" como un árbitro de sabor, los valores y la verdad en sí. (La nuestra, nos recuerda en el apartado 2 de Schopenhauer como educador [la tercera meditación], es "la edad de la opinión pública"). Considerando que el esclavo de la opinión pública se esfuerza siempre para ser "oportuna", un crítico declarado de la misma vez se hacen alarde de su "inoportunidad" deliberada. Ibíd., p. xlvi.

> Teniendo en cuenta unos y otros aspectos, yo no habría soportado mi juventud sin música wagneriana. Pues yo estaba condenado a los alemanes. Cuando alguien quiere escapar a una presión intolerable necesita hachís. Pues bien, yo necesitaba Wagner. Wagner es el contraveneno *par excellence* de todo lo Alemán - veneno, no lo niego... Desde el instante en que hubo una partitura para piano del *Tristán* -¡muchas gracias, señor von Bülow!- fui wagneríano. Las obras anteriores de Wagner las consideraba situadas por debajo de mí, demasiado vulgares todavía, demasiado "alemanas"... Pero aún hoy busco una obra que posea una fascinación tan peligrosa, una infinitud tan estremecedora y dulce como el *Tristán,* - en vano busco en todas las artes. Todas las cosas peregrinas de Leonardo da Vinci pierden su encanto con la primera nota del *Tristán.* Esta obra es absolutamente el *non plus ultra* de Wagner; con *Los Maestros Cantores* y con *El Anillo* descansó y se recuperó de ella. Volverse más sano - esto es un *paso atrás* en una naturaleza como Wagner...[18]

Abordar aquí la compleja relación de Nietzsche con Wagner y con su música nos conduciría muy lejos de nuestro objetivo. En resumen, y a modo de un bosquejo mínimo, es importante señalar las siguientes fechas: En 1860 Nietzsche toca y canta al piano el *Tristán*; el 8 de Noviembre del 1868 conoce a Wagner en Leipzig, y eso origina una profunda y sentida amistad que lo lleva a visitar a la familia Wagner en Triebschen, a las afueras de Lucerna; en 1871 publica el *Nacimiento de la tragedia desde el espíritu de la música*, obra de inspiración e influencia wagneriana directa; en 1872 presencia, en Bayreuth, junto a Wagner, el lanzamiento del proyecto del teatro, pero ya en 1874 empieza a rechazar varias invitaciones de los Wagner, sea para las vacaciones de Navidad de 1874, sea para la primera serie de ensayos del *Ring des Nibelungen*, en el verano de 1875. En Agosto de 1874, en Bayreuth, Nieztsche y Wagner tienen una vehemente discusión derivada de la confesa admiración de Nietzsche por la música de Brahms, visto entonces como el rival estético de Wagner. En los cuadernos privados de anotaciones de 1875 Nietzsche escribe varias entradas muy críticas hacia Wagner[19] y en 1876 publica la cuarta *Consideración Intempestiva: Richard Wagner en Bayreuth* —un texto de difícil gestación y lectura, un escrito ambivalente, a la vez ditirámbico y contundente, expresión clara de que Nietzsche había ya superado su admiración por Wagner y empezaba

[18] F. Nietzsche, Ecce homo, Editorial Alianza, Madrid, 2005 II. 6. p.53

[19] Cfr. D. Breazeale, "Introduction" en Breazeale (ed.), p. xx.

a detestarlo. Tal como es el caso con la tercera consideración intempestiva –*Schopenhauer como educador*– escrita cuando Nietzsche ha dejado de adherir a la filosofía de Schopenhauer, así también es con la cuarta: Nietzsche se encuentra en un momento de su vida en el cual la critica a Wagner está ya muy avanzada, aunque solo de manera privada. Una crítica que se revelará pocos años más tarde –ya en público– como devastadora.

Se puede así identificar un movimiento doble de Nietzsche respecto a Wagner: un momento de atracción y otro, posterior, de repulsión. La fase de atracción se desarrolla entre 1860 y 1872, mientras el distanciamiento empieza en 1874, es decir, justo cuando Nietzsche está trabajando en sus *Consideraciones Intempestivas*. En una carta a Georges Morris Brandes del 19 de Febrero del 1888 Nietzsche escribe que: "Las *Consideraciones Intempestivas*, merecen la más detallada atención para entender mi desarrollo".[20] Y en otra carta, a Hans von Bülow, del 2 de Enero del 1875, le comenta su deseo de dedicar los siguientes cinco años a la escritura de "diez otras consideraciones intempestivas como manera de limpiar su alma, tanto como sea posible, de su basura polémica y pasional".[21] Las *Consideraciones Intempestivas* y, desde luego, el mismo concepto de lo "intempestivo" son una clara anticipación y prefiguración de la futura dirección de su pensamiento. Con las *Consideraciones Intempestivas* Nietzsche articula un pensamiento de lo intempestivo, de la ruptura con su tiempo e inaugura una nueva relación con la idea misma de "historicidad", tanto en la filosofía como en la ciencia y en el arte. Del punto de vista biográfico ése es también el momento en el que Nietzsche abandona definitivamente cualquier intención musical de ser un compositor.

VII. Origen e invención

En Mayo de 1973, en la Pontificia Universidade Católica do Rio de Janeiro, Michel Foucault inició sus cinco clases con una presentación titulada "Verdad y formas jurídicas". Una gran parte de esa ponencia se centra en Nietzsche, especialmente en la profunda distinción entre origen (*Ursprung*) e invención (*Erfindung*): "Entre la gran continuidad del *Ursprung* (descrita por Schopenhauer) y la gran ruptura que caracteriza a la *Erfindung* de Nietzsche,

[20] Ibid. p. xxv.

[21] Ibid. p. xxv.

hay una oposición fundamental."[22] Foucault es bastante preciso: "Nietzsche afirma [en *La ciencia jovial* (1882)] que Schopenhauer ha cometido el error de buscar el origen de la religión en un sentimiento metafísico presente en todos los seres humanos y contenedor del modelo verdadero y esencial de toda religión. [...] Una idea de que la religión es algo pre-establecido, un estado implícito o latente dentro de aquel sentimiento metafísico. [...] Pero según Nietzsche, las cosas no han sido así: la religión no tiene un origen (*Ursprung*), sino que ha sido inventada, hubo una *Erfindung* de la religión."[23] Hablando de poesía, Nietzsche declara que hay quienes buscan el origen (*Ursprung*) de la poesía, cuando en realidad no hay ningún *Ursprung* de la poesía, puesto que toda poesía ha sido inventada.[24]

Comparando esta idea de Nietzsche (de 1882) con sus declaraciones de 1862 (cfr. § 2 arriba) respeto a su poema sinfónico *Ermanarich*, se puede claramente entender la dimensión de la transmutación operada en su pensamiento. Mientras el Nietzsche de *Ermanarich* (y de sus demás composiciones musicales) es alguien que piensa y trabaja bajo la idea de *Ursprung* y del arte entendido como resultado de procesos metafísicos latentes, el Nietzsche jovial piensa totalmente en términos de invención (*Erfindung*) y producción de deseo.

La música de Nietzsche ha sido concebida y compuesta en un universo estético-filosófico de matriz schopenhaueriana y wagneriana, mientras su gran labor filosófica ha sido tanto más original y vital en cuanto más se alejó de ambos, en cuanto más se alejó de la idea de "identidad" y se aventuró en formas de "experimentación radical".

La crítica nietzscheana de los valores opera también en la destrucción de la idea misma de un identidad humana fija y estable. Según Foucault:

> El objetivo de la historia, guiada por la genealogía, no es el descubrimiento de las raíces profundas de la identidad humana, sino más bien el empeño en su disipación. No es la búsqueda de nuestro único espacio de emergencia, la patria a la cual

---

[22] M. Foucault, "Truth and Juridical Forms", en *Essential Works of Michel Foucault 1954-1984 (3) – Power* (ed. James D. Faubion), Penguin Books, New York, 2000, p. 7. [Mí traducción].

[23] Ibid. p. 7.

[24] Cfr. F. Nietzsche, *The Gay Science*, "On the Origin of Religions", trad. W. Kaufmann, Vintage, New York, 1974, pp. 296-297.

> la metafísica promete un retorno seguro; es el esfuerzo de tornar visibles todas las discontinuidades que nos atraviesan.[25]

Nietzsche-compositor funcionaba dentro de un sistema cerrado de coordenadas asociadas a una idea de fidelidad, a una *Ursprung* idealizada, mientras que Nietzsche, el pensador crítico, opera a golpes de martillo, rompiendo y disipando identidades. Tal es la distancia que separa al camello del león.

VIII. Danza versus Natación

Si las tercera y cuarta *Consideraciones Intempestivas* son un último tributo a Schopenhauer y Wagner, ellas son, al mismo tiempo –especialmente la segunda–, la definición rigurosa de un horizonte de pensamiento post-schopenhaueriano, post-wagneriano y... post-nietzscheano –el Nietzsche-compositor, el Nietzsche-profesor de filología, el Nietzsche de la oposición Dioniso-Apolo, tantos Nietzsches que quedan atrás como si fueran diferentes personalidades–. En esta ruptura profunda, en este pasaje complejo del camello –cargado de valores y de antigüedades– al león –asertivo y guerrero–, hay una oposición que gana creciente importancia en los textos de Nietzsche –particularmente en referencia a Wagner–, la oposición entre "danza" y "natación". En *Nietzsche contra Wagner – Documentos de un Psicólogo* (1889) Nietzsche lanza un ataque contundente contra la música "moderna", que es asociada a la natación:

> La intención que persigue la música moderna en aquello que en la actualidad, de modo estridente, pero ininteligible, se denomina "melodía infinita", puede ser aclarado de este modo: uno se adentra en el mar, poco a poco va perdiendo pie firme y finalmente se abandona al favor o en contra del elemento: tiene que *nadar.* En la música antigua, a veces de manera grácil, otras solemne, o briosa, más deprisa o más despacio, debía hacerse algo completamente distinto, o sea, *danzar.* [...] – esto es el fin... [26]

[25] M. Foucault, "Nietzsche, Genealogy, History", en *Essential Works of Michel Foucault 1954-1984 (2) – Aesthetics* (ed. James D. Faubion), Penguin Books, New York, 1998, p. 387. [Traducción del autor].

[26] F. Nietzsche, "Wagner como un peligro" en *Nietzsche contra Wagner*, § 1.

Curiosamente, no solo la imagen de alguien entrando en el agua, si no que el lenguaje mismo, las palabras concretas empleadas por Nietzsche, son una variación de un famoso texto de Wagner, el panfletario *La obra de arte del futuro*, del 1849. En este ensayo, Wagner escribió lo siguiente:

> No podemos perder nuestra asociación de la música con el océano. Si acaso *Melodía* y *Ritmo* son las orillas de dos continentes de arte unidos por el mar de los sonidos, entonces el sonido en sí mismo es el elemento fluyente y nativo de la música, y sus expansiones de agua inconmensurables hacen el mar de la *Armonía*. [...] Uno entra en este mar; solo para darse a sí mismo, una vez más, refrescado y radiante, la luz del día.[27]

Respecto a la danza, Wagner añade que:

> La más realista de todas las artes es el arte de la danza. Su material artístico es el hombre vivo real, tal como se presenta a los ojos. Este arte incluye, por eso, las condiciones de enunciación de las otras: el hombre cantante y hablante es necesariamente un hombre con un cuerpo; es por medio de su forma exterior, por medio de la postura de sus labios que el hombre interior, cantante y hablante emerge a la vista. Las artes del sonido y de la poesía son inteligibles antes que todo en la danza por el hombre completo, receptivo al arte, es decir, el hombre que no solo escucha sino que también ve.[28]

En 1849, Wagner pensaba una música en la cual el sonido, la poesía y la danza, –el cuerpo visible– se mezclarían armoniosamente, conectando diferentes polos de percepción. Si el enfoque en el "hombre completo, es decir, el hombre que no solo escucha sino que también ve"[29] es típicamente wagneriano, la idea de "mar" y de "océano" es evidentemente de inspiración schopenhaueriana. Para Nietzsche, y después de las *Consideraciones Intempestivas*, este "océano" pasa a ser visto como extremadamente problemático. Nietzsche casi siempre lo cambia por "mar" (*Meer*) o por "lago" (*See*), y esto es importante ya que varias tradiciones germánicas consideran los lagos como repositorios de

---

[27] R. Wagner, *Das Kunstwerk der Zukunft*, II, § 4.

[28] R. Wagner, *Das Kunstwerk der Zukunft*, II, § 3.

[29] Ibid.

las almas de los muertos (por ejemplo en Goethe, cfr. *Das Märchen*, 1794-95), es decir de un origen identitario y/o colectivo profundo. El adentrarse en el agua de un mar o de un lago gana así una dimensión de *Ursprung*, de búsqueda o de entrega pasiva a un tipo de realidad de matices metafísicos. Es esto lo que más molesta a Nietzsche, por ejemplo, en su obra más vehementemente detestada, el *Parsifal*. Más allá de las suntuosas harmonías wagnerianas –que Nietzsche desdeña equiparándolas a un océano infinito en el cual uno ha perdido pie firme–, lo que Nietzsche vislumbra es "un odio furibundo hacia el conocimiento, el espíritu y la sensualidad; una maldición sobre los sentidos [...]; una apostasía y una conversión hacia enfermizos y oscurantistas ideales cristianos."[30] Todo lo que Nietzsche critica, todo lo que ataca en Wagner son aspectos y características que se encuentran –aunque en un grado artístico mucho menos desarrollado– en sus propias composiciones, en sus obras musicales de juventud. Consciente o inconscientemente Nietzsche reprocha a Wagner toda una serie de elementos que se encuentran *in nuce* dentro de sí mismo. No hay que olvidar la carta a Malwida von Meysenbug (cfr. § IV arriba), en la cual Nietzsche concede que sus composiciones musicales expresan "el lenguaje de su esencia profunda". En este sentido se puede proponer la idea que lo que Nietzsche más odiaba en Wagner era todo aquello que en Wagner le recordaba a su propia esencia profunda, lo que había en Wagner que era también Nietzsche. En el *Parsifal* Nietzsche entreveía –por supuesto con una técnica muchísimo más decantada– el mismo fondo oceánico latente en sus propias obras musicales, en la *Misa* (1860) con sus "Requiem" y "Miserere", en el *Oratorio de Navidad* (1860/61), en *Ermanarich* (1861), o en la *Manfred-Meditation* (1872).

IX. Transmutación

Las obras y los fragmentos musicales de Nietzsche revelan una personalidad y una concepción del mundo fundamentalmente diferentes de las del Nietzsche filósofo que conocemos. Son dos realidades incomparables ya que su producción musical ha sido hecha sin pretensiones profesionales y en un periodo de adolescencia y definición de personalidad. Sin embargo, el hecho de que Nietzsche atribuyera cierta importancia a sus composiciones e incluso

[30] F. Nietzsche, "Wagner como un apóstol de la castidad" en *Nietzsche contra Wagner*, § 3.

haya declarado que revelan su "esencia profunda" las hace merecedoras de más atención de la que han tenido hasta hoy. Especialmente, estas composiciones contribuyen a identificar un potente núcleo reactivo en la personalidad de Nietzsche. El devenir de Nietzsche hacia el pensador crítico y el filósofo de martillo ha ocurrido en oposición, en lucha no solo contra su tiempo, contra su siglo, pero también contra sí mismo–contra cierto fondo oceánico y metafísico que lo habitaba interiormente. Su insistencia en lo fisiológico, en una visión del arte como "fisiología aplicada" remite hacia el cuerpo–punto de encuentro entre lo que heredamos biológicamente y lo que desarrollamos técnicamente.

Foucault, en *Nietzsche, Genealogia, Historia* ha escrito inspiradas páginas sobre el cuerpo, notando que "el cuerpo es la superficie de inscripción de eventos –trazada por el lenguaje y disuelta por las ideas–, el lugar de la disociación del "Yo"" –al cual intenta ofrecer la quimera de una unidad sustancial–, y un volúmen en desintegración perpetua."[31] Nietzsche crecientemente vivió *de hecho* y de manera muy radical esta disolución del yo, del cuerpo e incluso de su salud. Analizando sus obras de música e identificando elementos reactivos, cargados de aquel peso específico de su tiempo, de las costumbres de su época, de las ideas de redención, de cristianismo, de *Ursprung*, se vislumbra aquel camello del inicio del *Zaratustra*. El Nietzsche intermedio, el admirador de Wagner que escribió *El nacimiento de la tragedia* manifiesta una clara voluntad, un deseo de afirmación personal –el león zaratustriano. Pero después de *Más allá del bien y del mal - Preludio a una filosofía del futuro* (1886), y en obras como *La Genealogía de la moral – Un escrito polémico* (1886), *El ocaso de los ídolos, o como se filosofa a martillazos* (1889), o *Ecce homo – Como se llega a ser lo que se es* (1889), Nietzsche vive y escribe en total fragmentación, en disolución continua que se expresa a través de infinitas reiteraciones de sí mismo, multiplicidades, caos interior –el niño como símbolo del eterno retorno, inicio y fin del arco de desarrollo del individuo.

X. Mutter, Ich bin dumm

Después de su colapso mental, el 3 de Enero de 1889, en la plaza Carignano de Turín, Nietzsche permaneció en silencio hasta su muerte, diez años más

[31] M. Foucault, "Nietzsche, Genealogy, History", en *Essential Works of Michel Foucault 1954-1984 (2) – Aesthetics* (ed. James D. Faubion), Penguin Books, New York, 1998, p. 375. [Traducción del autor].

tarde. Sus únicas palabras post-Turin han sido dirigidas a su madre: *Mutter, Ich bin dumm* ("Mama, soy tonto"). El significado de tales palabras nos escapará para siempre, pero algo sugieren de autocrítica, de profundo disgusto existencial. Nada sabemos de lo que pensaba Nietzsche en su última década de vida, pero sí sabemos que siguió haciendo música, tocando el piano regularmente. Según los informes médicos del manicomio de Jena en donde ingresó del 18 de Enero al 24 de Marzo del 1890, Nietzsche tocó al piano y de memoria la sonata "La Tempestad" (op. 31/2) de Beethoven. Y hasta muy cerca de su muerte el único estímulo al cual respondía era a la música, si alguien tocaba un instrumento o cantaba una melodía.

¿Sería quizás que la música hubiera terminado siendo, realmente, el hogar de la *Grundwesen seiner ganzen Natur* ("la esencia profunda de su ser")? Tal especulación no podrá jamás obtener una respuesta, ni filosóficamente, ni biográficamente, ni fisiológicamente. Lo único que se puede hacer es explotarla creativamente a través de construcciones artísticas y de proyectos de investigación artística. Esa ha sido la opción tomada y desarrollada por mí y mi equipo de MusicExperiment21 para el III Congreso Internacional de Epistemología y Metodología "Nietzsche y la Ciencia", organizado por Esther Díaz de la Universidad Nacional de Lanús, en la Biblioteca Nacional de Buenos Aires. Nuestra performance "El fragmento en sí mismo" para voz, piano, electrónica y proyección de video ha sido una versión artística de lo que aquí he escrito.

LAS POLÍTICAS DE VIDA Y LA VIDA COMO POLÍTICA

Nietzsche y Foucault: pensar allá afuera, pensar el poder

Pablo Martín Méndez[1]

Introducción

Treinta años han trascurrido ya desde la desaparición física de Michel Foucault; tres décadas durante las cuales se ha discutido y pensado mucho, siempre al compás de sus textos, sus entrevistas, sus cursos y sus palabras... Si las cosas fueron de esta manera, es porque allí ha sucedido algo: ¿acaso el pensamiento de Foucault no *resuena* en nuestro presente? Bien lo decía Deleuze: "Que haya personas que sigan a Foucault, que se sientan apasionadas por él, no significa sino que tienen algo que hacer con él, algo de su trabajo y de su existencia autónoma. No se trata únicamente de una cuestión de comprensión o de acuerdo entre intelectuales, sino de una cuestión de intensidad, de resonancia, de acorde en sentido musical."[2] Nuestro pensamiento presente, o mejor aún, las presentes posibilidades de nuestro pensamiento, tienen mucho que ver con Foucault, de ello no cabe duda; como tampoco la hay de que tenemos más de un vínculo con los acontecimientos que *viven* a través Foucault, aquellos que, de una manera u otra, han tornado posible su pensamiento.

Según sabemos, Nietzsche vendría ser uno de esos acontecimientos. Así lo reconocería Foucault en varias oportunidades; así también, diría que Nietzsche abrió para él, muy dentro de él, toda una *experiencia* sobre los límites del pensamiento. ¿De qué experiencia se trata? A nuestro parecer, es la experiencia sobre el poder; o también, y si se quiere, la posibilidad de pensar entre las otras dos dimensiones que atraviesan al pensamiento foucaultiano: la dimen-

---

[1] Universidad Nacional de Lanús – Becario por la Comisión de Investigaciones Científicas de la Provincia de Buenos Aires.

[2] G. Deleuze, "Hender las cosas, hender las palabras", en *Conversaciones*, trad. J. L. Pardo, Madrid, Editorial Nacional, p. 100.

sión del saber y las prácticas de subjetivación. Diversas son las razones por las cuales la filosofía de Nietzsche abre la dimensión del poder en Foucault. Ya de por sí, el mero contacto con ella retuerce y transforma: "yo tengo que ser lucha y devenir y finalidad y contradicción de las finalidades: ¡ay, quien adivina mi voluntad, ése adivina sin duda también a través de qué *caminos torcidos tengo* que caminar!"[3] El retorcimiento implica un cambio o una *inversión de óptica*; hace que las investigaciones y el pensamiento entero abandonen la búsqueda de los orígenes puros y solemnes, de lo esencial e idéntico a sí mismo, para dirigirse hacia los comienzos más bajos: "¿Cómo *podría* una cosa surgir de su antítesis? ¿Por ejemplo, la verdad, del error? ¿O la voluntad de verdad, de la voluntad de engaño? ¿O la acción desinteresada del egoísmo? ¿O la pura y solar contemplación del sabio, de la concupiscencia?"[4]

En muchos sentidos, Nietzsche brinda una experiencia límite, una perspectiva no sólo singular, sino además peligrosa, que pone en cuestión al sujeto cognoscente como fundamento último del pensamiento: "¿No habría experiencias en las que el sujeto puede disociarse, romper la relación consigo mismo, perder su identidad?, ¿no fue ésta la experiencia de Nietzsche?"[5] Cabría enumerar varias razones más, pero no es nuestra intención reconstruir la eventual influencia de Nietzsche en el pensamiento de Foucault; después de todo, la relación entre ambos resulta tan grande y fecunda, tan intensa y vital, que ni siquiera entra en la palabra "influencia". De ahí que sólo pretendamos ver cómo esos pensamientos se afectan mutuamente, marcando los puntos donde se cruzarían y deteniéndonos en las cuestiones que a partir de allí tendrían lugar.

Antes de averiguar qué le debe Foucault a Nietzsche o cuánto hay exactamente del uno en el otro, deberíamos preguntar *por nosotros mismos*. No es de ningún modo un afán de originalidad aquello que nos guía, sino al revés. Se trata de preguntar cómo hemos llegado hasta aquí, y una vez aquí, cuáles son las posibilidades presentes de nuestro pensar; es tanto un ejercicio filosófico como toda una provocación de lo impensado. En el límite, Nietzsche y Foucault han debido preguntar bastante, cada vez más profunda y rigurosamente,

---

3 F. Nietzsche, *Así habló Zaratustra*, Trad. A. Sánchez Pascal, Buenos Aires, Alianza, 2007, II, p. 171.

4 F. Nietzsche, *Más allá del bien y del mal*, trad. A. Sánchez Pascal, Madrid, Alianza, 2013, § 2, p. 28.

5 M. Foucault, "El sujeto, el saber, la "historia de la verdad"", en Trombadori, D., *Conversaciones con Foucault. Pensamientos, obras y omisiones del último* maître-à-penser, trad. C. Molinari Marotto, Buenos Aires, Amorrortu, 2010, p. 59.

cada vez atravesándose a sí mismos y entre sí, para abrir la dimensión del poder en el pensamiento.

I. La pregunta como ejercicio del pensamiento

Así pues, ¿quiénes somos?; o en todo caso, ¿de qué manera, a fuerza de qué azares e incluso de qué errores, hemos llegado hasta este preciso punto? La pregunta por el "nosotros" recorre el pensamiento de Foucault; más aún, impulsa la marcha de un proyecto constantemente reanudado y puesto en marcha, que sólo se pliega y para volver a desplegarse. La cuestión no consiste en justificar aquello que ya somos, sino en preguntar *por qué somos esto y no algo diferente*:

> [...] si el trabajo del pensamiento tiene un sentido [...], es el de retomar en su raíz la manera en que los hombres problematizan su comportamiento (su actividad sexual, su práctica punitiva, su actitud para con la locura, etc.). A veces la gente toma el esfuerzo de reproblematización como un "antirreformismo" que descansa en el pesimismo del tipo "nada cambiará". Es todo lo contrario. [...] el pensamiento no es lo que nos hace creer en lo que pensamos o admitir lo que hacemos, sino lo que nos hace problematizar lo que nosotros mismos somos.[6]

Lejos se está de constatar lo mal que van las cosas; para otros quedarán las lamentaciones por la situación presente o la sensación de que ya nada podría cambiar. Al trabajo del pensamiento le corresponderá tornar problemático cuanto devenga sólido, incluyendo el modo acostumbrado, generalmente lastimoso y compasivo, en que los hombres juzgan su situación presente.

Nuevamente, ¿de qué manera hemos llegado a ser esto que ahora somos? La pregunta exhala un aire muy especial, casi demencial, como si procediese de "una cierta crueldad juiciosa que sabe manejar el cuchillo con seguridad y finura, aun cuando el corazón sangre."[7] Más que del famoso "martillo", Nietzsche nos habla de un "cuchillo" manejado con seguridad y finura, un instrumento que apuntaría al corazón mismo de quien osa preguntar por nosotros. Si recurriésemos a los términos de Foucault, advertiríamos también

---

6 M. Foucault, "Acerca de la genealogía de la ética", op. cit., p. 199.

7 F. Nietzsche, *Más allá del bien y del mal*, op. cit., p. 191.

que esa clase de instrumento forma parte de todo un "ejercicio filosófico": "Se trata de un ejercicio filosófico: en él se encara el problema de saber en qué medida el trabajo de pensar su propia historia puede liberar al pensamiento de lo que piensa en silencio y permitirle pensar de otro modo."[8] El ejercicio filosófico se refiere siempre a un dominio o una práctica de sí, y es carácter de filosófico, puesto que pregunta al pensamiento si tendrá el valor de traspasar sus actuales límites. Así lo anunciaba Nietzsche: "de tales largas y peligrosas prácticas de dominio de uno mismo se sale convertido en un hombre nuevo, con algunos signos de interrogación de más, pero, ante todo, a partir de ahora, con la *voluntad* de preguntar más, más profunda, rigurosa, dura, malvada, tranquilamente de lo que se ha preguntado hasta el momento."[9] Hay en todo ello, entre las prácticas de sí y las preguntas que emergen de tales prácticas, un imperturbable movimiento "ascético"; lo hay como rara vez se lo entiende y se lo pone en práctica.

El movimiento ascético trascurre y al trascurrir desmembra; no tiene nada de conciliador o de equitativo, nada de justo o de virtuoso: "el "*desierto*" en el que se aíslan los espíritus fuertes, de naturaleza independiente –¡oh, qué aspecto distinto ofrece del desierto con que sueñan los doctos!– a veces, en efecto, estos mismos, esos doctos son el desierto."[10] Mientras el ascetismo aparezca frente a nuestros ojos como la negación de sí mismo, como la disminución de la existencia terrena en favor de una realidad eterna u otras disyuntivas similares, nos situaremos muy por debajo de cuanto aquí se habla y se pone en juego. A aquel modo de percepción tan habitual e incuestionable convendría plantearle justamente esta pregunta: al aceptar que el ascetismo y la negación de sí quedan de antemano asimilados, ¿no continuamos pensando acaso *como cristianos*? Queriéndolo o no, continuamos cargando una herencia cristiana: "En el cristianismo, el ascetismo se refiere a

[8] M. Foucault, *Historia de la Sexualidad II. El uso de los placeres*, trad. M. Soler, Buenos Aires, Siglo XXI, 2008, p. 15. Ejercicio filosófico y no tarea de doctos; vale decir, de aquellos que acogen bondadosamente los grandes acontecimientos del pensamiento, las grandes creaciones de valor, para extraer de allí las fórmulas más aprehensibles y manejables: "A estos investigadores les incumbe volver aprehensible, manejable, dominable con la mirada, dominable con el pensamiento lo que hasta ahora ha ocurrido y ha sido objeto de aprecio." F. Nietzsche, *Más allá del bien y del mal*, op. cit., § 211, p. 193.

[9] F. Nietzsche, *La ciencia jovial [La gaya scienza]*, trad. G. Cano, Madrid, Biblioteca Nueva, 2001, Prólogo 3, p. 67. Agréguese aquí una ilustrativa pregunta de Foucault: "¿qué es la filosofía hoy –quiero decir la actividad filosófica– si no el trabajo crítico del pensamiento sobre sí mismo?" M. Foucault, *El uso de los placeres*, op. cit., pp. 14-15.

[10] F. Nietzsche, *Genealogía de la moral*, trad. Sánchez Pascal, A., Madrid, Alianza, 2005, III, 8, p. 141.

cierta renuncia a sí mismo y a la realidad, porque la mayoría de las veces el yo de cada uno es parte de la realidad a la que ha renunciado para acceder a otra realidad. El deseo de alcanzar la renuncia al propio yo distingue el cristianismo del ascetismo.[11] Sin embargo, la pregunta por el nosotros –entiéndase bien: la pregunta planteada en el sentido que le otorgaría Nietzsche, más tarde Foucault– lleva adelante otra clase de ascetismo. El movimiento ascético del que ahora se trata no apuntará en absoluto hacia la negación o la renuncia de sí mismo, sino que buscará afirmar más bien la existencia y las condiciones de existencia. Pero a no dudarlo, las condiciones en cuestión resultan sumamente específicas. En efecto, antes que códigos universalizables o fórmulas de comportamiento obligatorias para cualquiera, son prácticas para alcanzar una "alta y osada espiritualidad". De ahí la parcialidad con la cual los filósofos conciben y practican los ideales ascéticos; de ahí su falta de virtud y de justicia: "¡Ya se ve que los filósofos no son testigos y jueces incorruptos del *valor* del ideal ascético! Piensan en sí mismos –¡qué les importa a ellos "el santo"! Piensan en lo que precisamente a ellos les resulta indispensable."[12]

El ascetismo garantiza la existencia de un espíritu grande e inventivo, la afirma en toda su potencia y fecundidad. No aparta al filósofo de la vida; por el contrario, a él le brinda las condiciones para desahogar la fuerza y el sentimiento de poder. Doctos, hombres de ciencia, y en algún punto también, historiadores del pensamiento: casi ninguno entiende de ascetismo o de prácticas de sí. Diríase que en aquella especie de hombres no hay lugar para la elección y la preferencia; más concretamente, no hay *voluntad de desmembrar las cosas*: "se impone el deber de conocerlo todo, sin orden de importancia; de comprenderlo todo, sin distinción de noblezas, de aceptarlo todo, sin hacer diferencias. [...] ¿con qué derecho harían intervenir su gusto cuando se trata de otros, sus preferencias, cuando se trata de lo que realmente ha pasado?"[13] De manera muy similar a los cristianos, los doctos establecen una inquebrantable equiparación entre la capacidad de elección y el egoísmo; por eso se desatienden y despreocupan de sí mismos, permitiendo simplemente que todo pase sobre su superficie: "se han convertido a sí mismos en lugar de paso

---

[11] M. Foucault, *Tecnologías del yo y otros textos afines*, trad. Allendesalazar, op. cit., p. 73.

[12] F. Nietzsche, *Genealogía de la moral*, op. cit., p. 140.

[13] M. Foucault, *Nietzsche, la genealogía, la historia*, trad. Vázquez Pérez, J., Valencia, Pre-textos, 2004, p. 56.

y en reflejo de figuras y acontecimientos ajenos"[14] Los doctos querrían ser como los espejos; con la superficie plana y bien extendida, pretenden ahorrarse el problema de elegir lo que reflejan. Lo cual no implica en absoluto que reflejen mejor, o que estén mucho más cerca de las cosas; de hecho, Foucault sostendría que el docto tiene los sentidos arruinados, en especial los del tacto y del gusto: "nada le da asco; o más bien, le da placer lo que debería revolverle el estómago. Su aparente serenidad se empeña en no reconocer nada como importante y en reducirlo todo al más mínimo denominador."[15] Los doctos carecen de seriedad para con la vida y para consigo mismos; si quieren reflejar lo que pasa alrededor suyo, si acogen amablemente los acontecimientos ajenos, es por el afán de evitar cualquier tipo de enfrentamiento realmente profundo. En el límite, ellos no podrían aplanar –mejor aún, no podrían tornar familiar y calculable– la enorme serie de preguntas, de problemas y de problematizaciones que saldría de allí dentro. Hay que pasar entonces a través de sí mismo; e incluso más: toda vez que parezca apropiado, lo que equivaldría a decir *casi siempre*, hay que violentarse y desmembrarse a sí mismo. De allí, desde muy adentro, se saldrá con la voluntad de preguntar más, y así se devendrá también más *problematizador y problemático.*

Sólo algunos bosquejos del ejercicio filosófico tal y como lo entendería Nietzsche, tal y como después lo llevaría adelante Foucault. Durante la marcha irán sumándose otras cuestiones –o al menos aquellas que más nos interesan a nosotros, los que hablamos hoy desde las posibilidades de pensamiento abiertas por Foucault y sus ejercicios. Lo importante, sin duda, es que a partir de ahora corresponde comenzar a preguntar *un poco más en serio.*

II. Allí dentro, allá afuera

¿Cómo hemos llegado hasta el punto en el cual nos encontramos? No cualquiera plantea la pregunta en serio; eso parece claro, puesto que para preguntar se requiere de un ejercicio previo. La contrariedad consistiría en suponer que el ejercicio filosófico, las prácticas de dominio, o el trabajo del pensamiento sobre el pensamiento, conducen por igual hacia la toma de conciencia de sí mismo. A Nietzsche le fue lícito diferenciar bien el asunto: "cualquiera

---

14 F. Nietzsche, *Más allá del bien y del mal*, op. cit., § 207, p. 181.

15 M. Foucault, *Nietzsche, la genealogía, la historia*, op. cit., p. 56.

de nosotros, por mucho que disponga de la mejor voluntad para comprenderse tan individualmente como sea posible, para "conocerse a sí mismo", llegará a ser consciente de lo que en sí mismo no es individual, de su "promedio general"".[16] Quien toma conciencia de sí está mucho más acá de la seriedad; más cerca de un promedio general que de preguntar realmente en serio cómo se ha alcanzado semejante promedio.

El ejercicio filosófico no conduce en absoluto hacia la toma de conciencia, ¿y de qué modo iba a conducir, si la conciencia jamás problematiza, jamás pregunta en serio? Nietzsche dirá que la conciencia ni siquiera funciona como una condición del pensamiento; antes bien, en ella hay que encontrar la parte más pequeña, más superficial, e incluso más accidental, de un pensamiento que transcurre por otros cauces: "un pensamiento viene cuando "él" quiere, no cuando "yo" quiero; de modo que es un *falseamiento* de los hechos decir: el sujeto "yo" es la condición del predicado "pienso"".[17] Incisión cruenta y ciertamente profunda; pero a la par, bastante sutil y cuidadosa –como bien requieren las cuestiones crueles y profundas. Poco a poco, advertimos que el pensamiento no tiene, no tendría por qué tener, motivos para pensarse en el fondo o en los límites de la conciencia. El pensamiento puede pensarse de otro modo y en relación a otra cosa; Foucault se dirigirá hacia un "afuera", mientras que Nietzsche se adentrará cada vez más en las relaciones de "fuerza". El afuera de las relaciones de fuerza y la fuerza del afuera: he aquí lo que separa al pensamiento de toda toma de conciencia; el abismo desde cual se sale con la voluntad de preguntar más en serio.

En cierta manera, el ejercicio filosófico de Foucault iría de dentro hacia afuera: "La invocación del afuera aparece como un tema constante en Foucault, y significa que pensar no es el ejercicio innato de una facultad, sino que debe advenir al pensamiento."[18] Pensar no es hacer ejercicio de

---

[16] F. Nietzsche, *La ciencia jovial*, op. cit., § 354, p. 352. Se deja entrever aquí una cuestión que Foucault precisará en su momento y a su manera: la antigua diferencia entre el conocimiento de sí [*gnothi seauton*] y el cuidado de sí [*epimeleia heautou*]. Esta enorme e importante diferencia quedaría sin embargo oscurecida bajo el cristianismo, especialmente por las prácticas de confesión que surgen de la vida monástica y que comienzan a difundirse a partir del siglo IV. Cfr. M. Foucault, *Tecnologías del yo*, op. cit., pp. 50-55, y p. 86 y ss.

[17] F. Nietzsche, *Más allá del bien y del mal*, *op. cit.*, § 17, p. 48. Sobre la irreductibilidad del pensamiento a la conciencia, téngase además en cuenta este pasaje: "el hombre, como toda criatura viviente, piensa continuamente, pero no tiene conocimiento de ello; el pensar que llega a hacerse *consciente* sólo es la parte más pequeña de él: la parte más superficial, la peor". F. Nietzsche, *La ciencia jovial*, op. cit., p. 351.

[18] G. Deleuze, *Foucault*, trad. Vázquez Pérez, J., Buenos Aires, Paidós, 2008, p. 116.

una facultad innata, dada de antemano; por el contrario, el pensamiento *adviene* mediante el ejercicio de sí mismo; pasa de dentro hacia afuera sin tener que abrigarse bajo una suerte de condición previa. Junto a Blanchot, en los primeros momentos, y más tarde junto a Nietzsche: la invocación hacia el afuera está constantemente puesta en marcha. Con Blanchot, sería el lenguaje contradiciéndose a sí mismo, trabajando sobre sí mismo; en fin, dirigiéndose allí donde desaparece el sujeto que habla: "surge una forma –menos que una forma, una especie de anonimato informe y obstinado– que desposee al sujeto de su identidad simple, [...] de su derecho inmediato a decir *Yo* y alza contra su discurso una palabra que es indisociablemente eco y denegación."[19] Algo más tarde, y junto a Nietzsche, el afuera remitiría hacia las relaciones de fuerza; de hecho, iría también hacia el punto donde el discurso del sujeto-yo tropieza y se detiene: "Pienso que no hay que referirse al gran modelo de la lengua y de los signos, sino al de la guerra y la batalla. La historicidad que nos arrastra es belicosa; no es habladora. Relación de poder, no relación de sentido. La historia no tiene "sentido", lo que no quiere decir que sea absurda o incoherente."[20]

Plantear las cosas en serio, ejercitar el pensamiento, equivale a *preguntar por lo bajo*; como si la fuerza, la lucha, el encarnizamiento –en simples palabras, todos los sucesos carentes de honorabilidad y de respeto– debieran adquirir ahora un valor más elevado. El trabajo de Foucault sigue apuntado hacia afuera, aunque con Nietzsche, o más bien mediante Nietzsche, modifica todo su campo óptico: mira muy de cerca las bajezas y las miserias. Aquello que la conciencia había olvidado por conveniencia y por necesidad de conservación, será en adelante el lugar de una persistente curiosidad; justamente, "la funesta curiosidad que pudiese mirar hacia afuera a través de una hendidura del cuarto de la conciencia y vislumbrase entonces que el hombre descansa sobre la crueldad, la codicia, la insaciabilidad, el asesinato, en la indiferencia de su ignorancia y, por así decirlo, pendiente sobre el lomo de un tigre."[21] Mirar curiosamente a través de una hendidura de la conciencia, mas no para compadecernos de nosotros mismos y de nuestras miserables condiciones, sino dejando escapar la risa. Mirar y curiosear como los niños: mostrando una fina

---

[19] M. Foucault, *El pensamiento del afuera*, trad., Arranz Lázaro, M., Valencia, Pre-textos, 2004, p. 64.

[20] M. Foucault, "Verdad y poder". En *Microfísica del poder*, op. cit., pp. 189-191.

[21] F. Nietzsche, *Sobre verdad y mentira en sentido extramoral*, trad. Valdés, L., Madrid, Tecnos, 1996, pp. 19-20.

ironía antes que el rencor o el resentimiento. Afuera, las preguntas se plantean entre risas; siempre en actitud jovial –lo que equivale a decir también: con la mayor seriedad posible hacia la vida.

En todos sus escritos y trabajos, Foucault sabe reír mejor que nadie: "pone una alegría cada vez más grande en lo que escribe, una risa cada vez más evidente. (...) es un derecho elemental estar fascinado hasta el ataque de risa frente a tantas invenciones perversas, tantos discursos cínicos, tantos horrores minuciosos."[22] Pero ante Foucault y sus escritos, los doctos no sabrán cómo reír; peor aún, habrán olvidado que en alguna ocasión ellos también rieron. Abrigándose en un conocimiento supuestamente limpio e imparcial, carente de gracia, evitarán plantearse una de las preguntas más serias: ¿qué significa al fin y al cabo conocer? Si se recurriese a los términos de Nietzsche, la pregunta quedaría planteada exactamente de esta manera: ¿cuáles son las bajas condiciones de "emergencia" (*entstehung*) de nuestros conocimientos?

Diríase en principio que el conocimiento emerge de toda una lucha entre los instintos; más precisamente, nace entre la risa, la deploración y el odio.[23] Los tres instintos se enfrentan y combaten denodadamente, cada cual con su visión parcial sobre el asunto, y cada uno queriéndose imponer sobre los otros. De ese choque frontal e incontenible brotará la chispa del conocimiento, ya como un estado de momentáneo apaciguamiento, o bien como el punto de estabilización donde los instintos afirman la propia existencia. Así pues, y centellando ahora por encima de todo el combate, el conocimiento se mostrará enseguida como una facultad radicalmente opuesta a la parcialidad y el encarnizamiento de los instintos: "dado que nosotros sólo somos conscientes de las últimas escenas de reconciliación y ajustes finales de este largo proceso, asociamos entonces *intelligere* (entender) con algo conciliador, justo, bueno, algo esencialmente contrapuesto a los instintos; pero, en realidad, sólo es un *cierto comportamiento de los instintos entre sí*."[24] Se avizora la cruda incisión contra el sujeto cognoscente; en efecto: más que originarse en la naturaleza humana, más que provenir de un instinto primero, único y universal, como el muy aristotélico "deseo de saber", el conocimiento emerge azarosamente

[22] Deleuze, G., *Foucault*, op. cit., p. 49.

[23] Según Nietzsche, se trata de los tres instintos que Spinoza opone al entendimiento: «*Non ridere, non lugere, neque detestan, sed intelligere!* (¡No reír, no llorar, no odiar, sino entender!), señala Spinoza con ese estilo suyo simple y sublime tan característico». F. Nietzsche, *La ciencia jovial*, op. cit., § 333, pp. 313-314.

[24] Ibíd., p. 314.

de la guerra entre los instintos.[25] Nietzsche sostendrá que sólo se trata de una "invención" (*erfindung*), mientras que Foucault encontrará allí, en la invención del conocimiento, tanto una ruptura como también un comienzo bajo, mezquino e inconfesable.

Un comienzo bajo, por la vileza y la belicosidad de los instintos mismos, "que nos colocan en posición de odio, desprecio o temor delante de cosas que son amenazadoras y presuntuosas."[26] Y en consecuencia mezquino, porque esa posición lleva a apoderarse violentamente de las cosas, imponiéndoles la propia parcialidad y oblicuidad: "El conocimiento será siempre perspectivo, inacabado; jamás se cerrará sobre sí; nunca será adecuado a su objeto, y siempre estará separado de una cosa en sí."[27] El conocimiento está lleno de bajeza y de mezquindad; o en todo caso, nada en su azaroso juego, ningún movimiento intrínseco y natural, le lleva a contemplar las cosas con justicia y equidad. Detrás de nuestros conocimientos no reside solemnidad alguna, sino más bien un comienzo inconfesable, medido por el tamaño de innumerables invenciones y fabricaciones. En última instancia, hay allí una voluntad oscura, ajena a la conciencia y a todos sus conceptos. Acaso sea aquella que Zaratustra señalaba ante los sapientísimos: "¡Todo lo que existe [...] debe amoldarse y plagarse a vosotros! Así lo quiere vuestra voluntad. Debe volverse liso y someterse al espíritu, como su espejo y su imagen reflejada [...] Esa es toda vuestra voluntad, sapientísimos, una voluntad de poder."[28]

Durante bastante tiempo, se ha aceptado que el poder, las relaciones de poder, e incluso las condiciones políticas de existencia en una sociedad determinada, no representan más que un velo o un obstáculo para el conocimiento. Cierto es que Nietzsche procura complejizar la cuestión: "¡me he deslizado hasta el corazón de la vida y hasta las raíces de su corazón! En todos los lugares donde encontré seres vivos encontré voluntad de poder; e incluso en

---

[25] Para una problematización del "deseo de saber", véase especialmente la primera clase de *Lecciones sobre la voluntad de saber*, donde Foucault aborda la famosa afirmación aristotélica según la cual "Todos los hombres desean por naturaleza saber". Aristóteles, *Metafísica*, trad. M. L. Alía Alberca, Madrid, 2010, p. 35 [980a]. Cfr. M. Foucault, *Lecciones sobre la voluntad de saber. Curso en el Collège de France (1970-1971)*, trad. H. Pons, Buenos Aires, Fondo de Cultura Económica, 2012, p. 21 y ss.

[26] M. Foucault, "Nietzsche y su crítica al conocimiento", op. cit., p. 27.

[27] M. Foucault, "Lección sobre Nietzsche", op. cit., p. 228.

[28] F. Nietzsche, *Así habló Zaratustra*, op. cit., p. 169.

la voluntad del que sirve encontré voluntad de ser señor."[29] Aquí y allá, en la vida propiamente dicha, pensamiento y voluntad de mando: ya en los lugares donde la conciencia percibe señores, ya además donde se le revelan súbditos o vasallos. Nadie queda exento de la voluntad de poder, ni los más pequeños ni los más grandes, dado que cada uno piensa a su manera en mandar. Pero asimismo, nadie está exento de obediencia, porque el pensamiento de mando siempre supone algún grado de entrega.

Quizá por eso no haya que buscar una voluntad enteramente "libre" y otra carente de toda libertad, sino más bien una diferencia de fuerzas: "en la vida real no hay más que voluntad *fuerte* y voluntad *débil*."[30] Como vida y pensamiento, o como complejo no del todo consciente, la voluntad oscila constantemente entre lo máximo y lo mínimo. En un punto, el amor y la máxima entrega hacia el poder; el intento de expandir cada vez más la fuerza y la simultánea intensificación del riesgo, hasta alcanzar justamente el límite en el que se expone la vida: "Esta es la entrega de lo máximo, el ser temeridad y peligro y un juego de dados con la muerte."[31] En el otro extremo, la debilidad entregándose ante lo más grande, y no tanto por pasividad como por intento de obtener poder sobre lo que resulta aún más pequeño: "A que sirva al más fuerte, a esto persuádele al más débil su voluntad, que quiere ser dueña de lo que es más débil todavía: a ese solo placer no le gusta renunciar."[32] La economía de la vida se compone de fuerzas que luchan unas con otras, que al luchar pretenden expandirse unas sobre otras, y que al expandirse se entregan unas a otras. De tal economía emerge el conocimiento, mas no de modo espontáneo e inmediato, ni tampoco como algo perfectamente engendrado. Ocurre en todo caso que las voluntades fuertes le abren el paso, mientras que las demás buscan sistematizarlo y tornarlo manejable. Se trata nuevamente de las voluntades débiles entregándose a las voluntades fuertes, o también del tránsito entre máximo y lo mínimo; en términos precisos, el conocimiento que recibimos y que manejamos, el que se nos aparece como conciliador, justo y bueno, es el resultado de una voluntad de poder que a cada paso se debilita y torna más pequeña.

---

[29] Ibíd., p. 171.

[30] F. Nietzsche, *Más allá del bien y del mal*, op. cit., § 21, p. 55.

[31] F. Nietzsche, *Así habló Zaratustra*, op. cit., p. 171.

[32] Ibíd.

Conviene ajustar más la óptica y seguir preguntando por lo bajo: ¿qué hay detrás de nuestros conocimientos? Según Foucault, "hay sin duda una voluntad oscura, no de traer el objeto para sí, de asemejarse a él, sino por el contrario de alejarse de él y destruirlo: maldad radical del conocimiento."[33] Maldad también de las voluntades fuertes y desmembradoras, de aquellas cuyo propio movimiento de destrucción deriva en la creación de otras cosas. Nietzsche advertía que únicamente los espíritus malvados traen la novedad al mundo: "en todas las circunstancias, lo nuevo es lo *malvado*, así como lo que busca conquistar quiere derribar los antiguos límites y las antiguas piedades, ¡así sólo lo antiguo es lo bueno!"[34] Con su complejo juego de instintos malvados, las voluntades fuertes avanzan sobre lo ya establecido, aceleran la marcha del mundo y la llevan hacia adelante, creando a cada paso nuevos nombres, nuevas valoraciones y en el límite nuevas cosas.

De modo que en la raíz de nuestros conocimientos no se encuentra, ni se lograría encontrar nunca, un sujeto frente a un objeto: en principio, porque no existe ningún tipo de afinidad entre ambos, nada de continuidad o de semejanza; pero además, porque ambos, el sujeto y el objeto, ni siquiera son entidades previamente dadas. Lejos estamos de ser *res cogitans*; poco tenemos que ver con su inocencia, sus neutralidades y sus afinidades: "¿qué introduce Nietzsche en lugar del *cogito*? El juego de la marca y el querer, de la palabra y la voluntad de poderío, e incluso del signo y la interpretación."[35] Lejos, bastante lejos, quedan asimismo los objetos, puesto que ellos nunca están vueltos hacia nosotros. El mundo carece de cualquier punto de anclaje, sea una ley, una estructura o una esencia, que lo haga susceptible de articularse con nuestra mirada.[36] En lugar de sujeto cognoscente y objeto de conocimiento, hay

[33] M. Foucault, "Nietzsche y su crítica al conocimiento", op. cit., p. 26.

[34] F. Nietzsche, *La ciencia jovial*, op. cit., § 4, p. 95.

[35] M. Foucault, "Lección sobre Nietzsche", op. cit., p. 234. Más que arrojar una mirada esclarecedora sobre los objetos, la interpretación pone continuamente en marcha una relación de violencia y de dominación; como bien señalaba Foucault en su momento: "no aclara una materia que es necesario interpretar y que se ofrece a ella pasivamente; ella no puede sino apoderarse, y violentamente, de una interpretación ya hecha, que debe invertir, resolver, despedazar a golpes de martillo." M. Foucault, *Nietzsche, Freud, Marx*, trad. C. Rincón, Buenos Aires, El cielo por asalto, 1999, pp. 43-44.

[36] Afirmar que resulta imposible conocer la "cosa en sí", que la realidad última de los objetos es para nosotros tan sólo una "enigmática x", no implica una suerte de prorrogación de las viejas premisas kantianas. Mientras la crítica de Kant cuestiona la posibilidad de un conocimiento sobre realidad en sí, la de Nietzsche apunta en cambio contra las posibilidades y los fundamentos del "conocimiento en sí": "guardémonos mejor [...] de la peligrosa y vieja patraña conceptual que ha creado un "sujeto puro del conocimiento, sujeto ajeno a la voluntad, al dolor, al

más bien una voluntad de poder tan destructiva como creadora, una voluntad que avanza de violencia en violencia o de interpretación en interpretación, construyendo la realidad siempre a golpes de martillo.

Son esos golpes los que obligan a contraponer las opiniones y los modelos vigentes: "Aparición del combate intelectual, de la rivalidad."[37] Toda novedad venida al mundo también suscita una enorme maraña de luchas y deseos de poder; traspone la maldad de las voluntades fuertes en un largo e inacabado combate intelectual. Maldad que reside ahora en las pruebas, las negaciones, las contradicciones, en los métodos de argumentación y de refutación, y en cualquier otra cosa que otorgue poder por sobre las demás fuerzas. Sólo a través de un combate semejante –es decir, a través de todas las pasiones y los odios recíprocos que intervienen en el fragor de la batalla– el conocimiento encuentra su lugar correspondiente: "los "malos" instintos fueron subordinados [a él], puestos a su servicio, recibiendo así el prestigio de lo permitido, distinguido, útil y, a la postre, el aura y la inocencia de lo *bueno*."[38] Entre la emergencia y la consolidación definitiva de nuestros conocimientos, la voluntad se empequeñece y debilita; termina subordinándose a aquello que la conciencia percibe como útil, justo y bueno. Pero obsérvese bien: lo útil para sobrevivir en la economía y en la lucha de las fuerzas, más aún cuando se trata de seres inermes y poco robustos; lo justo para establecer la paz, o para detener las luchas mediante una designación y una valoración uniformemente reconocidas de las cosas; lo bueno, al fin y al cabo, para garantizar la conservación de la vida.

Nosotros suponemos sin más que el conocimiento es la condición de acceso a la verdad, como si existiese una copertenencia de origen entre ambos. Muy descaradamente, y siempre con cuchillo en mano, Nietzsche nos enseña a desconfiar de una relación tal: "La *fuerza* del conocimiento no reside [...] en su grado de verdad, sino en su antigüedad, en su incorporación, en su carácter

---

tiempo", guardémonos de los tentáculos de conceptos contradictorios, tales como "razón pura", "espiritualidad absoluta", "conocimiento en sí"". F. Nietzsche, *Genealogía de la moral*, op. cit., III, 11, p. 154. La cuestión no consiste entonces en marcar los límites constitutivos de nuestros conocimientos, sino en derribar sus fundamentos y sus derivaciones: como el sujeto cognoscente, las condiciones *a priori* del entendimiento, la objetividad, etcétera. Aquello que la crítica de Nietzsche pretende marcar es la contradicción de cualquier concepción donde se suponga una relación constante, esencial y previa entre el sujeto y el objeto. Cfr. M. Foucault, "Lección sobre Nietzsche", op. cit., p. 232.

[37] Ibíd., p. 228.

[38] F. Nietzsche, *La ciencia jovial*, op. cit., § 110, p. 205.

de condición para la vida."[39] Habría que retorcer la relación entre el conocimiento y la verdad; procurar que los términos se inviertan y se tornen cada vez más distantes, hasta el punto en que acaben por separase completamente. El conocimiento no adquiere fuerza ni prestigio merced a una vinculación previamente dada con la verdad; al contrario, ésta entra en escena sólo tardíamente, en medio del combate intelectual y como la forma más débil de aquél. Después de todo, ¿qué implica el querer la verdad?, ¿cuáles son aquí los supuestos y las metas de tan solemne voluntad? A simple vista, querer la verdad no es otra cosa que solicitar su plena presencia; desear que lo verdadero ocupe el lugar que le correspondería por derecho. Mirando la cuestión más de cerca, ello implica también poner fin a la imparcialidad, acabar con la batalla de argumentaciones y refutaciones; más aún, supone que el solicitante, o el volente mismo, termine haciéndose a un lado para que la verdad asuma todo el protagonismo. Así pues, el querer la verdad resultaría propio de una voluntad que borra o neutraliza sus determinaciones y sus injusticias: "eliminar en absoluto la voluntad, dejar en suspenso la totalidad de los afectos, suponiendo que pudiéramos hacerlo: ¿Cómo? ¿Acaso no significaría eso *castrar* el intelecto?"[40] La voluntad de verdad apunta hacia la *libertad de sí*, pero libertad entendida ahora bajo la forma de una absoluta renuncia: como un querer que se piensa sin determinación alguna, constantemente suspendido de todo sentimiento y pensamiento de mando.

Esta voluntad nunca se comprometerá con nada, ya que por lo pronto: "no sabe afirmar, no sabe negar; no da órdenes; tampoco destruye."[41] Dado que no manda ni quiere ser mandada, la voluntad de verdad creerá permanecer enteramente ajena ante la economía de la vida. De tal indiferencia –o mejor aún, de tal estimación y vocación hacia la verdad– ha de seguirse entonces un completo "desconocimiento" del poder. A éste se lo percibirá ahora en franca posición de exterioridad, ocupando un sitio apartado y teniendo que fluir sobre el mundo de manera visible y manifiesta. No otra cosa cabría esperar de una voluntad pretendidamente libre; no más que el pensamiento y la concepción del poder como una mera instancia "prohibitiva". Para una voluntad

---

[39] Ibíd., p. 204.

[40] F. Nietzsche, *Genealogía de la moral*, op. cit., p. 155. Así también, Foucault hablará de "una voluntad suspendida, porque no debe predeterminar ningún objeto; y castrada, porque no debe dejar subsistir ninguna de sus determinaciones." M. Foucault, "Lección sobre Nietzsche", op. cit., p. 236.

[41] F. Nietzsche, *Más allá del bien y del mal*, op. cit., § 207, p. 182.

libre, el poder sólo aparece cuando hay necesidad y condicionamiento explícito, obstáculo o negación de acción. Se trata de la manera en que piensan y sienten las voluntades débiles: "Constituye casi siempre un síntoma de lo que a un pensador le falta el hecho de que [...] tenga el sentimiento de coacción, de necesidad, de sucesión obligada, de presión, de falta de libertad: el tener ese sentimiento resulta delator –la persona se delata a sí misma".[42] Creer que permanecemos libres de poder, que su ejercicio no tendría en principio ninguna relación con nosotros y con nuestra bella voluntad, sino que recaería desde alguna parte sobre nosotros para subyugarnos y quitarnos la libertad, pues bien: todo esto delata un pensamiento débil. Diríase que el pensar abarca una pequeña realidad del poder, la más superficial y más visible, la que percibe solamente la conciencia. De ahí los términos de prohibición y de necesidad, de fuerzas que únicamente coaccionan y empujan. Sin lugar a duda, se piensa y se sabe tan poco porque la voluntad tiende a mantenerse como suspendida de sí misma; porque en su afán por la verdad renuncia a todo lo que aumente la fuerza y el tamaño de la vida, todo lo que tenga relación con el poder.

III. El ejercicio de pensar sin la verdad

Ahora hay que replantear la pregunta del comienzo, tomarla justamente desde su reverso. Ya no sólo preguntar cómo, a través de qué miríada de sucesos perdidos hemos llegado hasta aquí: además de ello, o junto con ello, vale la pena preguntar por la manera mediante la cual el pensamiento adquiriría la suficiente fuerza como para pensar seriamente esto que somos. Quizá convenga hacer un ejercicio provisorio y nada más que inicial: el de pensarnos a nosotros mismos *prescindiendo de la verdad*. Sería una suerte de renuncia que no se confunde ni se equipara en lo más mínimo con el "escepticismo". Al contrario, la renuncia a la verdad se lleva adelante con una fuerte e inquebrantable "convicción": "una convicción que ninguna época tuvo jamás: no tenemos la verdad. Todos los hombres de antaño tenían la verdad, aun los escépticos."[43] Se renuncia, se prescinde decididamente de la verdad, para liberar *algo de pen-*

---

[42] Ibíd., § 21, p. 55.

[43] M. Foucault, "Lección sobre Nietzsche", op. cit., p. 240. Considérense las críticas del propio Nietzsche contra los hombres escépticos: "no conocen en absoluto la independencia de la resolución, el valiente sentimiento de placer en el querer." F. Nietzsche, *Más allá del bien y del mal*, op. cit., § 208, p. 185. Al final de cuentas, el escepticismo y las posturas escépticas asoman como otro rostro de las voluntades débiles.

samiento –por supuesto, liberarlo no de la vida y de su economía, sino de la indeterminación y la letanía, de aquel estado de neutralidad y de equilibrio donde reposan las voluntades débiles.

Acaso resulte lícito abandonar provisionalmente la verdad, pero evitando que eso implique el pensar de cualquier manera, sin dirección ni diferenciación posible. De lo que se trata más bien es de crear y dar lugar a otro modo de relación con la vida. Foucault pensaría en otro modo de conocimiento: "pensar el conocimiento como un proceso histórico anterior a toda problemática de la verdad, y de manera más fundamental que en la relación sujeto-objeto. El conocimiento liberado de la relación sujeto-objeto es el saber."[44] Notable diferencia: el saber no se piensa como sinónimo de conocimiento –o al menos de cuanto estamos acostumbrados a entender bajo semejante palabra. El saber del que Foucault está hablando es algo distinto: es un saber "perspectivista" que como tal *reconoce* sus injusticias y la parcialidad de sus propias fuerzas, un "saber-mirar" desde cierto ángulo, "con el propósito deliberado de apreciar, de decir sí o no. [...] una mirada que sabe desde donde mira y lo que mira."[45] La cuestión consiste en ejercitar y desarrollar una mirada angulosa, lo suficientemente filosa como para disociar a cada paso las cosas más sólidas. He aquí entonces la función del saber perspectivístico: "ser [...] una mirada que distingue, distribuye, deja actuar las desviaciones y los márgenes –[...] mirada disociante capaz de disociarse a sí misma y de borrar la unidad del ser humano."[46] El saber iría a contramano de lo que entendemos por conocimiento, pues a cada paso introduce la discontinuidad, el desequilibrio, la pluralidad; quizá la diferencia fundamental resida en que el primero quiere todo esto, mientras que el segundo sólo lo padece y disimula.

Algo más arriba hablábamos sobre la voluntad de desmembrar las cosas estables y reconciliadas consigo mismas; ahora advertimos también que todo ello pone en peligro la vida. En el querer y en el afirmar la discontinuidad hay una fortísima dirección hacia el afuera: es *saberse allá afuera*, ya lejos de las verdades que nos tranquilizan y nos apaciguan. Este saber se lleva adelante como una tarea bastante peligrosa: "no nos acerca a una verdad universal; no da al hombre un exacto y sereno dominio de la naturaleza; por el contrario,

[44] M. Foucault, "Lección sobre Nietzsche", op. cit., p. 236.

[45] M. Foucault, *Nietzsche, la genealogía, la historia*, op. cit., p. 54.

[46] Ibíd., p. 44.

no cesa de multiplicar los riesgos; en todas partes hace crecer los peligros; abate las protecciones ilusorias; deshace la unidad del sujeto; libera en él todo lo que se empeña en disociarlo y destruirlo."[47] Renunciar a la verdad nos lleva a arriesgar la vida, a la entrega y la exposición máxima, al juego de dados con la muerte. Sólo así, con la máxima entrega, podemos pensarnos y problematizarnos a nosotros mismos.

Para saber de qué manera hemos llegado hasta aquí, resulta necesario ir hasta el límite de lo que ya somos; salir hacia el *vacío irrespirable* del afuera: "Nosotros tenemos que ir allá, allá afuera, donde hoy *vosotros* menos os sentís como en vuestra casa."[48] Allá donde nada está hecho conforme al conocimiento humano, donde se despliegan relaciones más que formas, donde las fuerzas se entregan y se agitan entre sí: allá afuera, se torna difícil el solo intento de respirar pausadamente. Y entonces, ¿no sería ése el temerario juego de Foucault? ¿No habría que encontrar en sus trabajos, sus escritos e intervenciones, una entera y radical entrega? Entregarse al máximo para pensar las relaciones de fuerza que nos atraviesan y constituyen; en el límite de todo, o de aquello que ya somos, se trataría de que el pensamiento salga directo hacia el poder: "pensar es poder, es decir, tejer relaciones de fuerza. (...) El pensamiento como estrategia."[49] Si queremos pensarnos y problematizarnos a nosotros mismos, tenemos que *poder pensar las relaciones poder*. Que no se presuma en ello un mero juego de palabras, sino un serio ejercicio filosófico, toda una tarea de pensamiento. El pensamiento de Foucault ha ido en línea hacia el poder; más aún, ha intentado desplegar la intempestividad del afuera. Y quizá no esté de más decir que en el intento, en la entrega a lo máximo, terminó jugándose la vida.

Conclusiones

A nosotros, los que pensamos con Foucault y desde Foucault, nos queda un saber muy singular. Es otra manera de mirar y de tratar con el poder; otro saber sobre el poder donde ya no están dados el sujeto cognoscente y el objeto de conocimiento. Pensar al poder *en relación*, tal y como Foucault ha intenta-

---

[47] Ibíd., p. 70-71.

[48] F. Nietzsche, *Más allá del bien y del mal*, op. cit., §212, p. 194.

[49] G. Deleuze, "La vida como obra de arte", en *Conversaciones*, op. cit., pp. 110-111.

do pensarlo, implica franquear la distancia sujeto-objeto, burlar las habituales condiciones del conocimiento. Antes que conocer, se sabe algo inquietante: en principio, que las relaciones de poder nos envuelven y atraviesan, que su propia economía disuelve cualquier diferenciación previa o dada de antemano. De ahí que sólo valga un ver perspectivístico, un saber-mirar desde cierto ángulo de la relación en cuestión. Foucault utilizará innumerables veces las palabras "genealogía" y "microfísica"; Nietzsche hablará directamente de todo un reino de "conocimientos peligrosos". Este otro saber pone en peligro a todo aquel que se piense como ajeno ante poder; es un saber que desmembra cualquier unidad pretendidamente dada. Por eso también, "¡hay cien buenos motivos para que de él permanezca alejado todo el que –*pueda*!"[50]

Se abre a partir de entonces un ensayo, acaso un gran *experimento*; porque en efecto: ¿cómo pensarnos seriamente sin correr tremendos riesgos?, ¿cómo saber sobre los bajos y oscuros sucesos que nos condujeron hasta aquí sin disociarnos y entrar en crisis? Que de ello permanezca alejado todo el que pueda: nosotros tenemos la tarea de seguir avanzando hacia el afuera; de salir hacia la dimensión del poder aunque sea a costa de nosotros mismos.

---

[50] F. Nietzsche, *Más allá del bien y del mal*, op. cit., § 23, p. 58.

Apuntes para pensar lo urbano en Michel Foucault. Ciudad, biopolítica, gubernamentalidad

Julio César Sepúlveda Carvajal[1]

Introducción

La noción de biopolítica, uno de los ejes articuladores de la filosofía política contemporánea, encuentra a partir de los trabajos de Michel Foucault el punto de arranque del creciente interés de pensadores de diversas latitudes, y que ha dado lugar desde finales del siglo pasado a una corriente de pensamiento que se alimenta de reflexiones que, o bien actualizan o contradicen, pero en todo caso problematizan los sentidos del término que el pensador francés elaboró.

La idea de una política de la vida subyace en la noción de biopolítica. Ahora bien, su ambigüedad conmina a definir qué se entiende por vida y qué por política, amplificando así los distintos sentidos que le son atribuibles a los dos términos constitutivos del concepto. El concepto de vida bien puede hacer referencia al hecho biológico que comparten todos los seres vivientes, o en particular a la vida humana. La política puede entenderse tanto desde una dimensión jurídico-institucional, como desde una perspectiva que contemple la administración de la vida de los individuos y de la población.[2] Estos problemas se actualizan y complejizan cada vez que se producen nuevas imbricaciones entre lo social, lo biológico y los desarrollos tecno-científicos, lo que trae aparejado la rearticulación de la relación entre individuo y especie. Este tipo de imprecisiones semánticas hacen de la noción de biopolítica una

---

[1] Universidad Nacional de Lanús (Argentina). Una versión de este trabajo fue presentada en el III Coloquio de Filosofía Social, organizado por la Facultad de Ciencia Sociales de la Universidad de Buenos Aires, 24 octubre de 2014.

[2] Cfr. E. Castro, *Lecturas foucaulteanas. Una historia conceptual de la biopolítica*, La Plata, UNIPE, Universitaria, 2011.

categoría de no fácil manejo e invitan a la delimitación del alcance y significado de su matriz conceptual.

El concepto de gubernamentalidad fue desarrollado por Michel Foucault en sus cursos de 1978 y 1979, sirviéndose de él para su analítica del poder. La gubernamentalidad no define cualquier relación de poder sino las técnicas de gobierno que sirven de base a la formación del Estado moderno.[3] Desde esta perspectiva de análisis, el gobierno hace referencia a una dimensión de la experiencia en la que están presentes maneras de reflexión y de acción que tienen por objeto guiar, administrar o regular la conducta (propia o ajena) de las personas, teniendo como parámetro ciertos principios u objetivos. Estas formas de reflexión son gubernamentales en tanto que se conectan con aparatos concretos y diversos procedimientos. Así, la gubernamentalidad, objeto de estudio de las maneras de gobernar, se constituye, en un marco referencial que permite una visión de conjunto de la relación existente entre política, poder y gobierno.[4] Con la noción de gubernamentalidad, Foucault enmarca el problema general del Estado, del sujeto y del poder. Lleva a cabo su cometido recurriendo a la genealogía, y siendo enfático en señalar que en el presente las cosas no suceden por necesidad sino como el resultado azaroso de contingencias pasadas, que el futuro está abierto y no es el resultante de lógicas de desarrollo alguna.

En consonancia con los principales acontecimientos políticos, económicos y sociales de nuestro tiempo, la pregunta por lo urbano se sitúa hoy como uno de los más importantes problemas del mundo contemporáneo.[5] El modo

[3] Cfr. M. Foucault, *El nacimiento de la biopolítica*, México D. F., Fondo de Cultura Económica, 2007.

[4] Continuando con las investigaciones que Foucault inició sobre las tecnologías neoliberales de gobierno, en 1989 se crea en Londres la Red Internacional de Investigadores *Historia del presente*, dando pie a los así denominados estudios de la gubernamentalidad. Estos trabajos incluyen distintas formas de abordar la noción, respondiendo al doble objetivo planteado por Foucault: "realizar la crítica necesaria de las concepciones corrientes del "poder" (pensado más o menos confusamente como un sistema unitario, organizado en torno a un centro que es al mismo tiempo su origen, y que debido a su dinámica interna tiende siempre a extenderse); y, por el contrario, analizarlo como un dominio de relaciones estratégicas entre individuos o grupos –relaciones en las que está en juego la conducta del otro o de los otros, y que recurren, según los casos, según el marco institucional en el que se desarrollan, según los grupos sociales o según las épocas, a procedimientos y técnicas diversas". M. Foucault, "Subjetividad y verdad", en *Estética, ética y hermenéutica, Obras Esenciales III*, Barcelona, Paidós, 1999, p, 256. El despliegue de estas perspectivas, para el caso del mundo anglosajón, es claro en los estudios de Nikolas Rose, Mitchel Dean, Peter Miller, Colin Gordon y Graham Burchell. También académicos de otras latitudes (España, Alemania, Francia, entre otras) abordan sus investigaciones en este mismo sentido y en referencia a sus propios contextos.

[5] Al respecto, confrontar los planteamientos de J. Borja, *La ciudad conquistada,* Madrid, Alianza Editorial, 2003; M, Davis, *Planeta de ciudades miseria,* Madrid, Akal, 2014; J-L, Nancy, *La ciudad a lo lejos,* Buenos Aires, Manantial, 2013.

de vida de la población está dejando de estar enraizado en los entornos rurales para convertirse cada vez más en una civilización global urbana, y esto se constituye en una de las tendencias que están modificando la vida social de un modo que no conoce precedentes en la historia de la humanidad.[6]La evolución demográfica del planeta sitúa a la ciudad y sus entornos en el centro de la escena del siglo en curso. Por distintos medios y de distintas formas, se difunden los datos que apuntan a un hecho trascendente: más de la mitad de la población mundial vive hoy en espacios urbanizados, y de manera drástica y sin marcha atrás esta proporción irá en aumento.[7]

En nuestro mundo, mayoritariamente urbanizado, se torna imprescindible la interrogación de lo urbano y el estudio de la ciudad para desnaturalizar las prácticas que a través de la planificación urbana se han llevado a cabo desde lo que conocemos como la época moderna hasta nuestros días.

La noción de gubernamentalidad, concepto central de la filosofía política de Michel Foucault, será el marco general desde el cual abordar uno de los dos ejes del biopoder estudiados por el autor: aquel referido al gobierno de la población.

En primer lugar, realizaremos algunas precisiones necesarias acerca de la noción de biopolítica.

En segunda instancia, nos ocuparemos de los análisis acerca de los dispositivos de seguridad que llevó a cabo Foucault en su curso *Seguridad, territorio, población* (1977-1978), y en cuyas explicaciones son centrales el problema de las ciudades modernas a partir del siglo XVIII, las nociones de producción artificial de ambientes urbanos y de movilidad urbana entre otros.

En tercer lugar, unas breves consideraciones finales servirán de cierre a este escrito.

---

[6] Así lo explicitan, entre muchos otros, los trabajos de: J, Sachs, *Economía para un planeta abarrotado,* Bogotá, Random House Mondadori, 2008; y de E. Soja, *Postmetrópolis. Estudios críticos sobre las ciudades y las regiones*, Madrid, Traficantes de Sueños, 2008.

[7] En 2012 el Departamento de Asuntos Económicos y Sociales de la ONU (DESA) sostuvo que la población urbana mundial crecería un 75% en las próximas cuatro décadas. Según la investigación del organismo, en 2050 la población urbana alcanzaría los 6. 300 millones de personas debido al crecimiento sin precedentes de las ciudades de África y Asia. El informe alerta que dicho crecimiento plantea nuevos desafíos a la hora de proveer empleos, viviendas, energía e infraestructura para mitigar la pobreza en las ciudades, la expansión de barrios marginales y el deterioro medioambiental. Disponible en: http://www.un.org/spanish/News/story.asp?NewsID=23127. Estos datos se corresponden con los presentados ONU-Habitat. En el Séptimo Foro Urbano Mundial, que tuvo lugar en Medellín en el mes de abril de 2014, se informó que de los 7 mil millones de habitantes del planeta, la población urbana constituye hoy el 52% (3.6 mil millones) y que de esta población urbana 1 de cada 4 personas habita en tugurios.

I. La biopolítica en el debate filosófico político contemporáneo

No fue Foucault quien primero hizo uso del concepto de biopolítica, pero sí es el autor de referencia en la centralidad del debate conceptual contemporáneo sobre la cuestión. Anterior a la perspectiva por él inaugurada, otros autores contribuyeron en la construcción del edificio conceptual de la noción.[8] Es importante mencionar los trabajos del geógrafo y politólogo sueco Rudolf Kjellén, quien buscando pensar la realidad del Estado como un organismo, acuño por primera vez el término.

Posterior a Foucault, caracterizando la contemporaneidad en clave biopolítica, al impulso del paradigma se han sumado, entre los más representativos: Giorgio Agamben, quien desde un análisis de la relación entre biopolítica y soberanía propone un modelo de lo político basado en el concepto de excepción; Roberto Esposito, que interpretando la política en términos inmunológicos expresa la dinámica tanto negativa como positiva de protección de la vida que caracteriza al poder en la era moderna; Tony Negri y Michel Hardt quienes, sumando a su perspectiva los enfoques foucaultianos y su lectura de Deleuze, diagnostican el actual orden mundial y propugnan por uno nuevo; e igualmente, Peter Sloterdijk con su lectura de Heidegger en clave biopolítica.[9]

No siendo el objeto de este escrito describir la trayectoria teórica del concepto, nos centraremos en el horizonte de reflexión del pensador francés,

[8] Este período previo a las indagaciones foucaultianas presenta tres grandes momentos: 1) una etapa organicista, cuya característica es pensar el Estado como un organismo viviente; 2) una etapa humanista, preocupada por la explicación de la historia de la humanidad partiendo de la vida, sin que esto signifique la reducción de la historia a la naturaleza; y 3) una etapa naturalista, en la cual el único referente de la política es la naturaleza. Una ampliación del tema encontramos en "El enigma de la biopolítica", donde Roberto Espósito se adentra en la *caja negra* de la biopolítica tras los datos de la travesía del concepto. Cfr. R. Esposito, *Bíos Biopolítica y Filosofía*, Buenos Aires, Amorrourtu Editores, 2006. Otro tanto nos aporta Edgardo Castro en *Lecturas foucaulteanas*, op. cit., quien interrogándose por la producción teórica de Michel Foucault sobre este concepto, aborda detallada y sistemáticamente la historia conceptual y las proyecciones de la noción en el pensamiento contemporáneo.

[9] Un número creciente de autores (sin que esta lista abarque a la totalidad de los mismos) incluyen en su producción académica el estudio de la biopolítica desde distintos campos del saber. Por solo nombrar a algunos: Paolo Virno (*Gramática de la multitud: para un análisis de las formas de vida contemporáneas*, 2003), Maurizio Lazzarato (*Biopolítica y bioeconomía*, 2003), Jean Luc Nancy (*Corpus*, 2003), Agnes Héller y Ferenc Féher (*Biopolítica: la Modernidad y la liberación del cuerpo*, 1995). En nuestro contexto, con el propósito de "favorecer instrumentos de investigación y redes de información sobre la biopolítica a un público hispanohablante y angloparlante", conforman la Red Biopolítica un grupo de investigadores y estudiantes en las áreas de filosofía y ciencias sociales dedicados a su estudio, coordinado por los profesores Vanessa Lemm (School of Humanities, University of New South Wales) y Miguel Vatter (School of Social Sciences, University of New South Wales). Disponible en: http://www.biopolitica.cl/pags/portada.html

abordando la biopolítica desde la perspectiva que la concibe como una tecnología de gobierno encaminada al gobierno de las poblaciones.

I.1. La perspectiva foucaultiana de la biopolítica

La noción de biopolítica, en los estudios de Foucault, se entiende como gestión de la vida biológica de la población, que en su conjunto es objeto de administración y gobierno a través de diferentes mecanismos de normalización. Diferentes perspectivas son tenidas en cuenta en sus investigaciones a la hora de abordar la cuestión del gobierno de la vida: 1) a través de los mecanismos de la medicina moderna; 2) como dispositivo complementario y compensatorio del dispositivo de la soberanía estatal; 3) como transformación estatal y biológica de la noción de guerra; y 4) como forma del gobierno económico de los hombres.[10] De estas cuatro formas de abordar la cuestión de la biopolítica prestaremos especial atención a la primera y a la cuarta. En ellas, el autor pone el acento en la emergencia de la medicina social en Francia como correlato del creciente proceso de urbanización a mediados del siglo XVIII, época en que las ciudades, a decir de Foucault, se tornaron el lugar de experimentación del biopoder, en tanto era en las ciudades donde se debía producir un ambiente propicio para promover y controlar la circulación permanente de quienes allí habitaban, así como favorecer la rápida circulación de mercancías –funciones inherentes al régimen de seguridad necesario para el asentamiento de una economía capitalista. Biopolítica es, entonces, un agrupamiento de estrategias que procura vincular una multiplicidad de individuos dentro de una artificialidad en la cual existen biológicamente, en aras del favorecimiento de su potencia de vida.[11] En las lecciones de *Defender la sociedad* (1976), Foucault expone cómo a partir de la segunda mitad del siglo XVIII ve la luz algo nuevo, una tecnología de poder que no excluye la

[10] Los textos en los que respectivamente Foucault trata estos aspectos son: La conferencia "El nacimiento de la medicina social"; el primer volumen del libro *Historia de la sexualidad. La voluntad de saber;* y en los cursos: *Defender la sociedad; Seguridad, territorio, población;* y, *Nacimiento de la biopolítica.* Esta matriz conceptual llamada por Foucault, el cuadrilátero de la biopolítica tiene en su centro la vida, y sus lados están ocupados por la medicina, la soberanía, la guerra y la economía; las líneas que unen o pueden unir cada uno de estos lados con el centro, donde se encuentra la vida, definen las diferentes formas y figuras de la constelación biopolítica. Cfr. E. Castro, *Lecturas foucaulteanas*, op. cit , 2011.

[11] Cfr. S. Castro-Gómez, *Historia de la gubernamentalidad. Razón de Estado, liberalismo y neoliberalismo en Michel Foucault*. Bogotá, Siglo del Hombre Editores, 2010.

técnica disciplinaria, sino que la engloba, la integra, la modifica parcialmente y se sirve de la técnica disciplinaria previa.[12] Esta nueva técnica no suprime la anterior porque es de otro nivel, de otra escala, tiene otra superficie de sustentación y se vale de instrumentos distintos. Como la disciplina, esta nueva técnica no se dirige al cuerpo sino a la vida de los hombres, al hombre/especie. Esta nueva tecnología está destinada a la multiplicidad de los hombres en la medida en la que forman una masa global afectada por procesos de conjunto que son propios de la vida como el nacimiento, la muerte, la producción, la enfermedad, etc. Al respecto, en una conferencia pronunciada en la Facultad de Filosofía de la Universidad de Bahía en 1976, Foucault expresaba:

> El descubrimiento de la población es, a la par que el descubrimiento del individuo y del cuerpo, adiestrables, el otro gran núcleo tecnológico en torno al cual se han transformado los procedimientos políticos de Occidente. En este momento se inventó lo que llamaré, por oposición a la anatomopolítica que he mencionado antes, la bíopolítica. En este preciso momento es cuando vemos aparecer problemas como los del hábitat, las condiciones de vida en una ciudad, la higiene pública, la modificación de la relación entre natalidad y mortalidad. Surge entonces la cuestión de saber cómo podemos hacer que la gente tenga más hijos, en todo caso cómo podemos regular el flujo de la población, cómo podemos regular igualmente la tasa de crecimiento de una población, las migraciones. Y a partir de aquí toda una serie de técnicas de observación entre las cuales está evidentemente la estadística, pero también todos los grandes organismos administrativos, económicos y políticos se encargan de esta regulación de la población. En la tecnología del poder han tenido lugar dos grandes revoluciones: el descubrimiento de la disciplina y el descubrimiento de la regulación y el perfeccionamiento de una anatomopolítica y el de una biopolítica.[13]

---

[12] Estudiada por Foucault en *Vigilar y Castigar*. La tercera parte de este libro "está enteramente dedicada al análisis del poder disciplinario. Allí Foucault precisa en detalle qué entiende por poder disciplinario, cuál es su relación con las ciencias humanas y cuál es su significación para la historia social y política moderna. Se trata de una forma de poder que tiene como objetivo los cuerpos en sus detalles, en su organización interna, en la eficacia de sus movimientos. [...] La disciplina mantiene con el cuerpo una relación analítica. Según el lenguaje de Foucault, nos encontramos con una microfísica del poder, con una anatomía política del cuerpo cuya finalidad es producir cuerpos útiles y dóciles o, si queremos, útiles en la medida de su docilidad. En efecto, el objetivo de la disciplina es aumentar la fuerza económica del cuerpo al mismo tiempo que se reduce su fuerza política". E. Castro, *Diccionario Foucault. Temas, conceptos y autores*, Buenos Aires, Siglo XXI, 2011, pp. 103-104.

[13] M. Foucault, "Las mallas del poder", en *Estética, ética y hermenéutica*, op. cit., p. 246.

Se trata entonces de un ejercicio del poder que no individualiza, sino que masifica. Luego, plantea Foucault, "de la *anatomopolítica* del cuerpo humano, introducida durante el siglo XVIII, vemos aparecer a finales de éste, algo que ya no es esa *anatomopolítica* sino una *biopolítica* de la especie humana."[14] Se trata de "un conjunto de mecanismos por medio de los cuales aquello que, en la especie humana, constituye sus rasgos biológicos fundamentales podrá ser parte de una política, una estrategia general de poder."[15]

Conviene en todo esto tener en cuenta aquello que Foucault nos advierte, esto es, la no existencia de una era de lo legal, una de lo disciplinario y otra de la seguridad, serie en la cual sus elementos se suceden unos a otros y los nuevos provocan la desaparición de lo precedentes. Se trata en todo caso del cambio en la tecnología dominante; el cambio en la correlación entre los diferentes mecanismos legales, disciplinarios o de seguridad.

II. La ciudad como centro de experimentación de la biopolítica

En el curso *Seguridad, territorio, población,* el autor francés se ocupó de indagar en qué consiste esa tecnología de poder cuya emergencia ubica en el siglo XVIII y que tiene por objeto a la población. Se trataba de entender los efectos, a la hora de gobernar, del cambio ocurrido en el tránsito que va de la soberanía sobre el territorio al control sobre la población, así como del tipo de racionalidad que opera en el ámbito de las prácticas gubernamentales que dicho cambio involucra. Es en este contexto de indagación en el que Foucault advierte que más que preguntarse por el nacimiento de la biopolítica se torna imprescindible la previa interrogación por cuáles son sus condiciones de posibilidad, esto es, preguntarse por el tipo de racionalidad específica de dichas prácticas de gobierno.[16] Se trata de llevar a cabo una analítica de la gubernamentalidad, cuestionándose por la emergencia histórica de las tecnologías de gobierno, las prácticas y las racionalidades que de manera conjunta se amalgaman en el Estado moderno.

[14] M. Foucault, *Defender la sociedad*, México, Fondo de Cultura Económica, 2000, p. 220.

[15] M. Foucault, *Seguridad, territorio, población*, México, Fondo de Cultura Económica, 2006, p. 15.

[16] "Me parece que el análisis de la biopolítica solo puede hacerse cuando se ha comprendido el régimen general de esa razón gubernamental de la que les hablo [...]; y por ende, si se comprende con claridad de qué se trata en ese régimen que es el liberalismo, opuesto a la razón de Estado [...], una vez que se sepa qué es ese régimen gubernamental denominado liberalismo, se podrá, me parece, captar qué es la biopolítica". M. Foucault, *El nacimiento de la biopolítica*. México, D.F., Fondo de Cultura Económica, 2007, p. 41.

La economía del poder estudiada por Foucault en *Vigilar y castigar*, que tiene al panóptico como su metáfora, y que se orienta al disciplinamiento del sujeto económico, no le funcionaba ya para explicar las nuevas realidades objeto de su indagación. La práctica gubernamental se orienta ahora a la gestión de variables que lejos están del manejo de quien gobierna, y se muestran como acontecimientos a los cuales se debe dejar actuar guardando ciertos límites.

La nueva realidad a la que se hace referencia está atravesada por la idea de que el incremento del poder que el soberano ejerce sobre sus gobernados no es ya directamente proporcional a la conquista de determinado territorio, sino a ganarse su voluntad. De allí que se invierta la concepción que hacía del hecho de dar muerte el signo distintivo del soberano y se propenda ahora por un gobierno de la vida. Esta mutación de una economía del poder que hace morir a una que hace vivir, se produjo, según Foucault, entre las postrimerías del siglo XVIII y los albores del XIX, cuando, coincidiendo con la recién iniciada urbanización, el soberano debía impedir la escasez, pues era ésta el agente capaz de producir las indeseadas revueltas. Foucault muestra que, contrariando la tesis de los mercantilistas (según la cual se debía prevenir el acontecimiento en vez de enfrentarlo, y su concepción de una sociedad fuertemente reglamentada), los fisiócratas postularon que la población no es la mera suma de individuos que habitan un territorio, que no es un dato básico ni la materia sobre la cual va a ejercerse la acción del soberano como contracara de éste. La población es un dato dependiente de toda una serie de variables (como lo son el clima, el comercio o las costumbres) no transparentes a la acción del soberano, haciendo que la relación entre una y otro no pueda ser del orden de la obediencia o el rechazo. Así, la práctica de gobierno deberá encaminarse no a la reglamentación de los procesos allí involucrados sino a su gestión. Se perfila "una técnica muy distinta: no obtener la obediencia de los súbditos a la voluntad del soberano, sino influir sobre cosas aparentemente alejadas de la población, pero que, según hacen saber el cálculo, el análisis y la reflexión, puedan actuar en concreto sobre ella [...] se trata de una importante mutación en la organización y la racionalización de los métodos de poder."[17]

El proceso de urbanización de la vida social consistió, a decir de Foucault, en una serie de elementos que suscitaron una masa de problemas ligados al desarrollo de los Estados administrativos, para los cuales la especificidad

---

[17] M. Foucault, *Seguridad, territorio, población*, 2006, p. 95.

jurídica de la ciudad representaba una situación difícil de resolver; así como también lo fue el confinamiento entre muros (la ciudad amurallada) para el crecimiento del comercio, el aumento demográfico y la necesidad de intercambios económicos permanentes entre la ciudad y su entorno lejano. En términos generales, la cuestión pasa por ese desenclave espacial, jurídico, administrativo y económico de la ciudad; momento que se remonta a los acontecimientos acaecidos entre los siglos XVII y XVIII, cuando, imbricado con la aparición de la vida urbana, el gobierno de la población se tornó cuestión de Estado.[18]

Es en este marco que se ensamblan, gracias a los diseños aportados por el urbanismo, técnicas para la producción de espacios de seguridad cuyo ejemplo ilustrativo se puede ubicar en la construcción de las ciudades modernas, que como centro de funciones administrativas, políticas y también económicas, debieron contemplar la circulación de personas y de mercancías, la dotación de multiplicidad de espacios en los cuales realizar actividades de todo tipo, sin dejar de tener en cuenta que más que al control o a la disciplina deberían atender a la gestión y administración del riesgo que la ciudad misma significaba para la vida de la población. Fenómenos estos, identificados por Foucault, como íntimamente vinculados al nacimiento de la medicina social, cuando por razones económicas y políticas, a mediados del siglo XVIII, se planteó el problema de la unificación del poder urbano a través de mecanismos de regulación homogéneos y coherentes como manera de enfrentar una serie de pánicos, un miedo urbano a los pobres, a los talleres y las fábricas, al hacinamiento poblacional, a las epidemias y por supuesto a los contagios cada vez más extendidos por el tejido urbano. Se trató de una medicalización de la ciudad, no de una medicina del hombre, del cuerpo y del organismo, sino ante todo de una medicina de las cosas, del aire, del agua, de las descomposiciones, de una medicina de las condiciones de vida del medio de existencia.[19]

Vemos entonces cómo, haciendo referencia a las relaciones entre el territorio y el medio, Foucault señaló la mutación ocurrida a los ordenamientos de las ciudades del siglo XVIII, en los que el soberano, devenido arquitecto del espacio, a la vez que disciplinaba era un regulador del medio, permitien-

[18] Cfr. M. Foucault. "El nacimiento de la medicina social", en *Estrategias de poder. Obras Esenciales I*, Barcelona, Paidós, 1999; M, Foucault, *Seguridad, territorio, población,* op. cit., *2006*; M, Foucault *El nacimiento de la biopolítica,* op. cit., 2007.

[19] Cfr. M. Foucault, "El nacimiento de la medicina social", op. cit.

do distintos tipos de circulación entre la gente y las mercancías.[20] La ciudad amurallada, sitiada, la ciudad disciplinaria, tuvo que vérselas con una multiplicidad de funciones en el afán de maximizar los elementos positivos –la mejor circulación posible–, y desalentar los negativos (entre ellos los riesgos de todo tipo); y, ante la imposibilidad de la anulación de estos últimos, trabajar sobre las probabilidades y con visión de futuro. El buen ordenamiento de la ciudad consistiría entonces en no perder de vista lo que pueda pasar. Desde entonces, esta técnica política que se dirige al medio está presente en el acontecer de la ciudad; se trata de prácticas biopolíticas que a manera de técnicas de gobierno están dirigidas a los individuos y la sociedad como objeto primordial, en procura de realizar una eficiente gestión política de la diversidad, las desigualdades, los conflictos y riesgos propios de las ciudades que habitamos.

II. 1. El problema de la ciudad moderna y los dispositivos de seguridad

Mediante los dispositivos de seguridad se lleva a cabo la gestión gubernamental que tiene como objetivo la población. Estos dispositivos no operan a la manera de los mecanismos jurídicos con el código ente lo permitido y lo prohibido, ni como los mecanismos disciplinarios, con el código que oscila entre lo normal y lo anormal, siendo estos códigos el modelo a partir del cual alcanzar determinados objetivos. La seguridad funciona más bien a la inversa, consiste en fijar la norma partiendo de las normalidades diferenciadas –esto es, del establecimiento de las diferentes curvas de normalidad–, y en este caso el código a tener en cuenta es entre lo aceptable y lo inaceptable. Los riesgos para la estabilidad del gobierno y de la población en general no constituirán una amenaza mientras los factores controlados estén en un intervalo aceptable. La racionalidad propia de los dispositivos de seguridad es pues diferente a la de los dispositivos de soberanía y a la de los dispositivos disciplinarios, lo que lleva a Foucault a afirmar que los dispositivos de seguridad efectúan un quiebre en el modo de operar del poder soberano.

Para explicar la manera en que funcionan estos dispositivos, Foucault se detiene en el análisis de tres fenómenos distintos: el gobierno de la salud, el gobierno de la producción y el gobierno sobre la circulación, considerando

[20] Cfr. M. Foucault, *Seguridad, territorio, población,* op. cit.

la relación del gobierno con los acontecimientos que dichos fenómenos revisten: los problemas de la enfermedad, de la escases y de la movilidad, todos ellos vinculados al problema general del gobierno de la ciudad. El problema de la escasez es el problema de la ciudad- mercado, la ciudad como lugar de revuelta; el problema del contagio y las enfermedades epidémicas es el problema de la ciudad como foco infeccioso, como el lugar de miasmas y muerte. A este nuevo tipo de problemas económicos y políticos, y también de técnica de gobierno, que de una u otra manera giran alrededor del problema de la circulación, fue necesario dar respuesta y se hizo mediante la puesta en marcha de lo que Foucault llamó mecanismos de seguridad.

> Me parece que a través de los fenómenos obviamente muy parciales que traté de indicar vemos aparecer un problema muy distinto: ya no fijar y marcar el territorio, sino dejar fluir las circulaciones, controlarlas, seleccionar las buenas y las malas, permitir que la cosa se mueva siempre, se desplace sin cesar, vaya perpetuamente de un punto a otro, pero de manera tal que los peligros inherentes a esa circulación queden anulados. Ya no la seguridad del príncipe y su territorio, sino la seguridad de la población y, por consiguiente, de quienes gobiernan.[21]

El problema propio de la seguridad remite a una temporalidad y una aleatoriedad inscriptas en un espacio dado: el "medio", noción proveniente de la biología que no es otra cosa que lo necesario para explicar la acción a distancia de un cuerpo sobre otro. En otras palabras, el medio es el soporte y el elemento de circulación de una acción, el ámbito en el cual se da la circulación. Si bien los urbanistas del siglo XVIII no utilizaron esta noción para referirse a la ciudad o a los espacios urbanizados, la estructura que la define, su pragmática, está presente en el modo en que los urbanistas intentan reflejar y modificar el espacio urbano.

El medio aparece como un campo de intervención donde, en lugar de afectar a los individuos como un conjunto de sujetos de derecho capaces de acciones voluntarias –así sucedía con la soberanía–, de afectarlos como una multiplicidad de organismos, de cuerpos susceptibles de prestaciones y de prestaciones exigidas como en la disciplina, se tratará de afectar, precisamente, a una población.[22]

---

[21] Ibíd., p, 86.

[22] Ibíd., p, 40, 41.

II. 2. El gobierno de la población mediante la producción artificial de ambientes urbanos

En *La Métropolitée,* un texto del siglo XVIII de Alexandre Le *Maître*, Focault encuentra un ejemplo de reflexión sobre la ciudad en términos de soberanía, donde el problema fundamental es cómo debe ser una ciudad capital y cómo puede y debe ser su funcionamiento. En la búsqueda de solución a este problema, se comprueba el surgimiento de una serie de funciones propiamente urbanas, que son funciones económicas, morales y administrativas. La técnica de producción del espacio de este diseño urbanístico piensa la ciudad en función de las relaciones de soberanía que se ejercen sobre un territorio, y en este sentido se trata de una idea antigua, pero que a la vez es moderna en tanto el problema a resolver en la ciudad es el problema de la circulación de personas y de mercancías, el problema de los flujos comerciales.

Otro ejemplo lo constituye el plan de urbanización de Nantes a fines del siglo XVIII, con él se apuntaba a resolver el problema de los amontonamientos, el de la apertura hacia nuevas funciones económicas y administrativas, el de la regulación de las relaciones con el campo circundante, así como el de prever su crecimiento, siendo claro que el fondo del problema era la circulación. En este plan de ordenamiento la pregunta fundamental era ¿cómo integrar a un plan actual las posibilidades de desarrollo de la ciudad? La ciudad se percibía a sí misma en un proceso de desarrollo, una serie de cosas, de acontecimientos y de elementos que iban a suceder o producirse; se trataba ahora de saber qué había que hacer para enfrentar por anticipado lo que no se conocía con exactitud.[23]

De ambos ejemplos, importa la evidencia de que mientras en la ciudad soberana o disciplinaria se actúa sobre un espacio vacío que va a construirse por entero, la ciudad securitaria se sustentara en datos materiales (como los emplazamientos, el aire, o los desagües), procurando maximizar los elementos positivos, minimizando los riesgos, trabajando sobre las probabilidades, ordenando las polifuncionalidades de la ciudad, y no menos importante, teniendo en cuenta sus contingencias. En suma, procurando la gestión, en sus diferentes niveles, de aquello que circula, que puede ser peligroso y que por lo tanto debe ser minimizado; problema fundamental de las ciudades del siglo XVIII

---

[23] Ibíd.

que, ante la pérdida de sus murallas, debió vérselas con la inseguridad urbana, en una época en que las ciudades, y no ya el campo, se volvieron los epicentros de la revuelta y el peligro social en pleno proceso de industrialización.

> Para resumir todo esto, digamos que, así como la soberanía capitaliza un territorio y plantea el gran problema de la sede del gobierno, y así como la disciplina arquitectura un espacio y se plantea como problema esencial una distribución jerárquica y funcional de los elementos, la seguridad tratará de acondicionar un medio en función de acontecimientos o de series de acontecimientos o elementos posibles, series que será preciso regularizar en un marco polivalente y transformable.[24]

Ahora bien, los dispositivos de seguridad no van tras la prohibición de la circulación; de lo que se trata más bien es de su gestión. Mientras que la ley prohíbe y la disciplina proscribe, la seguridad, sin prohibir ni prescribir, regula, siendo la regulación uno de sus elementos fundamentales.[25] Es una idea fuertemente vinculada con el principio general del liberalismo de dejar hacer y dejar pasar, esto es, que la realidad se desarrolle y siga su curso de acuerdo con los principios que les son propios, principio que, llevado al ámbito del gobierno de la ciudad, se traduce en la producción artificial de un espacio urbano con cuerpos en continuo movimiento y no ya disciplinados. Con todo, el gobierno sobre el movimiento a través de los dispositivos de seguridad procura para la vida de los individuos no únicamente la facilidad y el estímulo para su tránsito, sino ante todo su bienestar, su mejor vivir.[26]

Pueden mencionarse algunas características inherentes a los dispositivos de seguridad en referencia a la movilidad urbana:

1) Los dispositivos de seguridad se insertan dentro de una serie de acontecimientos probables. En otros términos, se trata de la gestión del movimiento urbano en el marco de un intervalo posible, de ejercer un gobierno sobre la circulación que tenga en cuenta las variables, maximice los elementos deseables y disminuya los indeseables.
2) Estos dispositivos crean las condiciones favorables, el medio ambiente donde se favorece la circulación permanente; producción que se lleva a cabo a

---

[24] Ibíd., p. 40.

[25] Ibíd., p, 69.

[26] Ibíd., pp. 376-377.

través de intervenciones que pueden ser, por ejemplo, de tipo urbanístico o arquitectónico sobre el espacio, buscando procurar el objetivo central de estos dispositivos, a saber: la producción de las condiciones de existencia de una población en la búsqueda del gobierno económico sobre su conducta.

3) Otra característica identificable de estos mecanismos de seguridad es la importancia brindada a un motor de acción de la población llamado el deseo; elemento que impulsa el quehacer de todos los individuos, y puesto aquí en marcha como técnica de poder y de gobierno en el problema de cómo decir sí al deseo de los gobernados por medio de la gestión de las condiciones de circulación de dichos deseos que, como advirtieron los fisiócratas y también los liberales, redunda en la producción de beneficios de la población gobernada. En suma, no se trata de la intervención sobre el deseo, sino de la gestión productiva de su movimiento en ese espacio llamado ciudad.
4) Un cuarto elemento viene dado en la noción de público, aquella importante noción que en el siglo XVIII, según Foucault, es la población considerada desde el punto de vista de sus opiniones, sus maneras de hacer, sus comportamientos, sus hábitos, y en general de todo el conjunto susceptible de sufrir la influencia de la educación, las campañas, o las convicciones. Estamos así ante el nacimiento de la publicidad, técnica donde no sólo es suficiente el conocimiento y el gobierno de los procesos económicos, sino también el conocimiento y el gobierno sobre aquello que la gente opina. El público, señala Foucault, es la población pero considerada en términos de sus intereses, sus opiniones y deseos. Podemos decir que los dispositivos de seguridad funcionan también a través de la producción de un público, de la puesta en marcha de una esfera de actuación en la que están presentes los deseos, los intereses y el movimiento de los individuos.[27]

III. Consideraciones finales

Como en la época descrita, hoy también uno de los elementos centrales del debate social contemporáneo lo constituye el estudio del espacio urbano. El problema de la ciudad y su entorno son un objeto de reflexión de suma actualidad. Los datos aportados por distintas organizaciones mundiales sobre

---

[27] Ibíd.

el incremento demográfico en las ciudades y sobre los niveles de pobreza y desigualdad que ellas soportan son sólo una forma de mostrar esa realidad bastante inmersa en el ámbito de la inseguridad y de la revuelta, y no tan alejada de la ejemplificada por Foucault. Tal vez por eso la perspectiva de los estudios de la gubernamentalidad en general, y del enfoque biopolítico en particular, se erigen como marcos explicativos de los que emergen líneas de sentido pertinentes para los problemas urbanos contemporáneos, aportando así elementos con los cuales abordar las complejas formas que en la actualidad adquieren los mecanismos de gobierno de las poblaciones; para el caso que nos ocupa, el gobierno de la ciudad y del entorno urbano. ¿Cuál es el medio que procura la sociedad de seguridad en la que vivimos? ¿Qué clase de espacio urbano habitamos? ¿Qué efectos producen sobre nuestra contemporánea condición urbana los mecanismos de seguridad aquí descritos? La ciudad es hoy un espacio fuertemente estratificado. El registro de esta tendencia y de las producciones urbanas que acompañan el fenómeno es parte de la tarea del pensar la organización espacial de la biopolítica.

Los dispositivos de seguridad, aquellos mecanismos elaborados en busca de administrar lo aleatorio y en procura de la mayor eficiencia, forman parte del conjunto de técnicas con las que la modernidad política buscó compatibilizar la acumulación del capital con la aglomeración humana en las ciudades, la urbanización. En sus investigaciones acerca de las condiciones históricas que hacen posible nuestro presente, los análisis de Foucault señalan que dichos mecanismos forman parte de la tecnología liberal de gobierno.

Para el neoliberalismo, la racionalidad gubernamental de nuestro tiempo, el juego de la utilidad prevalece por sobre el de los derechos. La exploración de las posibles consecuencias que para la ciudad y la vida urbana puedan llegar a tener la puesta en marcha del arte de gobierno neoliberal que, centrándose en la administración de la vida de las poblaciones, concibe la sociedad como una empresa, son un terreno que, aunque poco explorado, es fértil a la hora de des-sustancializar tanto los procesos como las instituciones presentes en los modelos de desarrollo y en la lógica de la organización socioeconómica del espacio. En suma, nos ayudan a la interrogación de nuestra biopolítica condición urbana.

El origen del espacio/tiempo

Jorge Alejandro Martínez[1]

En el comienzo todo estaba junto;
después vino el intelecto (nous) y lo ordenó.[2]

Friedrich Nietzsche sostiene: "Tengo por evidente que esta tesis busca el origen del concepto "bueno" donde no está",[3] así se trata aquí de establecer la incorporación, no suficientemente declarada en el marco epistemológico moderno, del concepto de espacio-tiempo desde el conjunto de disciplinas espaciales[4] hacia el interior de la ciencia en general.

Hay una serie de preguntas que deben hacerse, siendo la primera de ellas acerca de las causas de pensar acerca del espaciotiempo. Desde sus orígenes, la humanidad fue perdiendo el control del espaciotiempo por parte de la comunidad y transfiriéndolo a élites que definieron como gobiernos. El primer paso importante en tal sentido es el que se da con la desaparición de la polis griega en manos de reyes que construyeron una hermosa Atenas pero al igual que con Epicuro produjeron la salida de la misma por parte de los ciudadanos.[5]
La muerte del espacio público es la causa de la omnipresencia del narcisismo, no entendido con la idea vulgar de admiración de uno mismo, sino como la búsqueda constante de la identidad del yo que se frustra en la misma medida en que se vuelve compulsiva.[6]

---

1 Universidad Nacional de Lanús y Universidad Nacional de Luján. (Argentina)

2 F. Nietzsche, *El origen de la tragedia*, Buenos Aires, Gradifco, 2009, p. 96.

3 F. Nietzsche, *La génesis de la moral*, Buenos Aires, Bureau Editor, 2006, p.16.

4 Se trata aquí de la clasificación de Edward Soja que incluye a la geografía, arquitectura, estudios urbanos y regionales, planeamiento urbano y sociología urbana. Cfr. Soja E. *Thirdspace*. Blackwell Publishers. Oxford, 1999., p.10 y ss.

5 L. Mumford, L. *La ciudad en la historia*, Buenos Aires, Infinito, Vol. I. p. 115 y ss., 1966.

6 C. Ambrosini, "La farmacia de Epicuro hoy" (abstract), Lanús, Mimeo, 2015.

El control del espacio es por lo tanto el control de las personas y de los recursos naturales que en él se encuentran. Esto se logra cuando esos ciudadanos se convencen de que no pueden manejar su propio espacio y obligatoriamente tienen que ceder esa función.

Un segundo interrogante es el de porque la tragedia representa la historia de esa apropiación. El conflicto entre Apolo y Dioniso por la apropiación del espacio del arte se resuelve con una absoluta armonía apolínea de cuatro siglos de duración, después de los cuales, el drama es deconstruido y son varios los intentos de recuperar esa vieja tragedia al recuperar asimismo un sistema de representaciones espaciales y un pensamiento nómade. En tal sentido se pretende aquí continuar en la profundización de una temática en la que se viene trabajando desde hace tiempo tanto como docentes como investigadores.[7]

Otro interrogante que aparece hasta aquí es la voluntad no ya de las citadas disciplinas espaciales, sino de sus desarrolladores en esta no muy declarada incorporación. Al hablar de incorporación, damos lugar a pensar que los conceptos de espacio y de tiempo no existían en ellas. Sin embargo, debemos aclarar que no se trata de una ausencia sino de un ocultamiento detrás de un disfraz construido por la modernidad, como máxima expresión del proceso y que fuera una condición necesaria para su propia consolidación.

El espacio y el tiempo, como conceptos separados eran, antes de Nietzsche y en función del pensamiento de E. Kant, independientes de la experiencia como formas puras de la intuición sensible.

> El espacio es una representación necesaria, a priori, que está en la base de todas las intuiciones internas. Es la condición de posibilidad de los fenómenos externos y no como una determinación de éstos. El tiempo, dado a priori, no es discursivo, sino que es también una forma pura de la intuición sensible.[8]

Si bien puede rescatarse la importancia de la concepción de la crítica inmanente, esta lo es de la razón por sí misma, en donde los fenómenos son

---

[7] La referencia aquí es a: N. Da Costa Pereira y J.A. Martínez. Espacialidad *y Dimensionalidad Cuantitativa: vinculaciones en el marco de una epistemología ampliada*, Montevideo, Egal, 2009.

[8] E. Kant, *Crítica de la razón pura*, Buenos Aires, Colihue, 2007, p. 50 y ss.

aprehendidos en la síntesis dada en forma empírica en un contexto externo a la razón como lo son el espacio y el tiempo.[9] Así, Kant sostiene que "el tiempo es la condición formal a priori de todos los fenómenos en general, mientras que el espacio, como forma pura de todos, como una intuición externa, está limitado, como condición a priori, sólo a los fenómenos externos."[10]

Esta visión es desarrollada por las disciplinas espaciales dada su funcionalidad con la modernidad y el sistema de poder vigente. Un gran alcance se logró con la geografía francesa de Paul Vidal de La Blache, quien desarrolla una metodología acorde con los principios kantianos y una visión de la "síntesis" como conjunto de fenómenos espaciales −externos a la razón− previamente descriptos.[11] A partir de 1930, y como función de su separación, se establece el predominio del tiempo sobre el espacio, dando lugar a la compresión del espacio al ser pensado éste como la resistencia a la velocidad de circulación de la producción. Esta última etapa, centralmente neopositivista concluye en el concepto moderno de espacio/tiempo. Tanto el pensamiento historicista francés como el neopositivista anglosajón, son planteamientos posteriores a Nietzsche. Sin embargo, al plantear epocalidad, no se ajustaba a las necesidades de universalidad requeridas por el proyecto moderno establecido en la primera mitad del siglo XX. Asimismo, la consolidación de dicho proyecto en su forma neopositivista, comienza a objetivar el espacio/tiempo comprimido comenzando a limitarle su la trascendentalidad kantiana, al transformarlo en trascendente a partir de la acción humana sobre lo que da en llamar espacio soporte de la producción.

Surgida de la Ilustración, "[...] la experiencia de una compresión espacio temporal es exigente, perturbadora, y a veces, profundamente subversiva y capaz de sustentar en consecuencia una gran diversidad de reacciones sociales, culturales y políticas."[12] Para la física actual, el espacio y el tiempo no son preexistentes a la materia, por lo cual su comprensión no es independiente de los procesos materiales. Estas prácticas de reproducción social son las que le dan objetividad. Por lo cual, la espacio temporalidad de dichas prácticas le

---

[9] Ibíd., p. 317.

[10] Ibíd., p. 58.

[11] H. Capel, *Filosofía y ciencia en la Geografía contemporánea*, Barcelona, Barcanova, 1981, p. 318-333.

[12] D. Harvey, *La condición de la posmodernidad. Investigación sobre los orígenes del cambio cultural*, Buenos Aires, Amorrourtu, 1993, p. 267.

asignan al espacio/tiempo su epocalidad y tiene a su vez la incomodidad de escapar a las ataduras de cualquier representación.[13]

Al entrar el hombre racionalista en el conocimiento de las leyes propias del espacio, le permiten a la humanidad el completo dominio y transformación de la naturaleza. Este dominio implica su organización en función de necesidades surgidas de su voluntad de poder.

La aproximación marxista avanza sobre la disolución de la idea kantiana de espacio al establecerlo como un producto social construido a partir de la lucha de clases. En estos casos, aún podría pensarse que un espacio trascendental existe todavía en la base del sistema de decisiones políticas. Si lo despojamos de todo sentido social, solo queda un conjunto de minerales con una cierta distribución inicial, que dado su nivel de resistencia podría permanecer intangible. Fuera de ello, y sin considerarlo como una representación, el resto del espacio, prácticamente la totalidad del mismo es ya de carácter fenoménico.

Se sostendría a partir del pensamiento de Nietzsche que estamos en la consagración de Apolo al alcanzar teorías que permiten un orden completo. He aquí el drama y la disolución final de la tragedia.

> Con el encanto de la magia dionisíaca, no solamente se renueva la alianza del hombre con el hombre, enemiga o sometida [...] De manera espontánea ofrece la tierra sus dones y pacíficamente se acercan los animales rapaces de las rocas y el desierto.[14]
>
> Nietzsche considera contingente tanto al tiempo, como al espacio y a la necesidad de su definición. Como planteamiento general, si estos fueran objetos, su conceptualización dependería de las palabras utilizadas a tal efecto, mientras que estas últimas estarían en relación con la voluntad de poder ejercido en cada caso para sostener cualquier concepto. En tal sentido es a partir del aporte que efectúa con su genealogía[15] y su concepto de voluntad de poder que establece que el accionar no es solo hacia la interpretación sino también hacia la valoración.[16] Cuando Nietzsche sostiene que no existen hechos sino interpretaciones[17], esta-

[13] Ibíd., p.228-229.

[14] F. Nietzsche, *El origen de la tragedia*, op. cit., p.42.

[15] M. Foucault, *Nietzsche, la Genealogía, la Historia*, Valencia, Pre-Textos, 2004.

[16] G. Deleuze, *Nietzsche y la Filosofía*, Madrid, Editora Nacional, 2002, p. 73.

[17] Ibíd., p. 81.

> mos sujetando los fenómenos al momento y lugar de su definición, con lo cual estos tienen un origen epocal.
> Es a partir de este pensamiento y de la mano de Heidegger que, a mitad del siglo XX comienza una nueva etapa del concepto de espaciotiempo en forma de tragedia. Sostiene Heidegger que el *dasein* contiene en sí el ser en el mundo, por ello el dasein espacializa, abre espacios.[18] Podría interpretarse que la espacialización es inherente al *dasein*. Esto es posible en tanto y en cuanto el espacio se comporta como un a priori. Este apriorismo no se plantea como una pertenencia previa a un sujeto sin mundo que espacializa a partir de ese contenido previo."La espacialidad de lo que hace frente inmediatamente en el ver en torno puede volverse temática para el mismo ver en torno y problema de cálculo y medida, por ejemplo en la arquitectura y la agrimensura."[19]

Este ver en torno y su tematización implica una determinada forma de intuición formal que permitiría el descubrimiento de las relaciones espaciales que estudiarían las disciplinas que se ocupan de la métrica del espacio, en este caso, la geografía.

Este ser del espacio debe buscarse en el ver a través de las posibilidades del ser de las cuales se derivarían los conceptos ontológicos. "La espacialidad solo se deja descubrir sobre la base del mundo, porque el espacio contribuye a constituir el mundo, respondiendo a la esencial espacialidad del dasein mismo debida a su fundamental estructura de ser en el mundo."[20]

Se interpreta que la subjetividad se relaciona con las posibilidades del ser para la ontologización del espacio en tanto la aprioridad podría definirse como las prácticas de trasfondo propias de una definida espacio temporalidad del sujeto.[21] Así pensado, además de la temporalidad, se piensa que deberían tenerse en cuenta los mecanismos de transmisión de esas prácticas.

Por su parte, Bertorello sostiene que "el sentido primigenio de la vida humana para Heidegger es la praxis: el hombre cotidianamente vive en un mundo que está delineado por todas sus actividades",[22] las que recortarían las

---

[18] M. Heidegger, *El ser y el tiempo*, Barcelona, Planeta-De Agostini, 1993. p. 127.

[19] Ibíd.

[20] Ibíd., p. 129.

[21] H. L. Dreyfus, *Ser en el mundo. Comentario a la División I de Ser y Tiempo de Martín Heidegger*, Santiago de Chile, Cuatrovientos, 1991, p 4-10.

[22] A. Bertorello, *El límite del lenguaje. La filosofía de Heidegger como teoría de la enunciación*, Buenos Aires, Biblos, 2008.

unidades de sentido. En este marco podría pensarse el lenguaje como actividad central en la definición de la mundanidad.

Otros dos interrogantes que aparecen ahora son la contingencia como opuestos a la trascendentalidad y la voluntad de poder como elemento constitutivo o como condición de posibilidad del espaciotiempo.

Nietzsche denomina estos conceptos como historia, cuando se refiere al tiempo y naturaleza cuando habla del espacio. "Bajo el encanto de la magia dionisíaca, no solo se renueva la alianza del hombre con el hombre: la naturaleza enajenada, enemiga o sometida, celebra también su reconciliación con su hijo pródigo: el hombre".[23] Esto no implica una visión parcializada, a la que él la llama perspectiva, sino de dos multiplicidades.

Con la aparición del interrogante de la multiplicidad aparece el del sujeto que establece la perspectiva, a quien suele llamársele "el hombre", quien como científico o no, establece dicha perspectiva.

El alejamiento de la metafísica y el reencuentro con la naturaleza a través del arte son dos de los mecanismos principales que utiliza Nietzsche para consolidar lo que es la búsqueda permanente de sentido o "nihilismo futuro". Considera que en la búsqueda de justificaciones, la ciencia moderna se centra en la explicación, que le da trascendentalidad a los conceptos, y no considera que los sentidos asignados a esos conceptos en forma de palabras son realmente metáforas fuertemente históricas y están sujetos a un cambio permanente y requieren por lo tanto de una constante interpretación. Más aún, considera a estos conceptos como sentidos, y a los hechos como interpretaciones.

Asimismo, considera que el sostenimiento de un determinado sentido o verdad trascendente requiere el ejercicio de una voluntad de poder que produce fuertes deterioros en las relaciones sociales y para con la naturaleza. "El hombre es el animal menos instintivo de todos, o bien el animal cuyo instinto de supervivencia opera volviéndose contra la naturaleza misma." [24] Esta postura no metafísica alcanza también a la filosofía (o historia del error) y a la forma que adquiere la razón en el marco de la lógica. Propone un cambio de origen de la definición del sentido desde la moral moderna a una estética epocal.[25]

---

[23] F. Nietzsche, *El origen de la tragedia*, p.35.

[24] E. Diaz, *La ciencia y el imaginario social*, Buenos Aires, Biblos, 1998, p. 94.

[25] Ibíd., p. 96.

Uno de los fundamentos utilizados para la refutación de la modernidad es el efecto reduccionista de la razón aplicada a la representación de la realidad que elimina las diferencias cualitativas al remitirlas a lo exclusivamente cuantitativo, la regulariza, la simplifica.

> Lo que Apolo busca es apaciguar las individualidades, precisamente, al separarlas, al trazar entre ellas, líneas de demarcación, de las cuales hace las leyes más sagradas del mundo, exigiendo el conocimiento de sí mismo y de la medida.[26]

El mundo deja de ser esa externalidad kantiana y se transforma en una serie de perspectivas o representaciones que deben a su vez ser interpretadas.

> No hay un sentido, una verdad originaria, a la cual podamos acceder desprendiéndonos del lenguaje y la historia: más bien acontece allí, en esos dos elementos, no como objetividad científica pero tampoco como creación absoluta.[27]

A partir de lo hasta aquí desarrollado podría proponerse, entre otras, tres grandes líneas de conceptualización. Lo planteado por el Alto Modernismo, a saber, la aceleración del espacio/tiempo que converge en los no-lugares y en el fortalecimiento de una concentración expandida con la consiguiente formación de áreas de menor desarrollo relativo.[28]

En segundo lugar, la profundización del proyecto kantiano da origen, entre otros, a la propuesta de H. Habermas a través del desarrollo de los espacios de comunicación.[29] El concepto central que Habermas utiliza en este trabajo es el de "espacio público político". El mismo se refiere a la derivación institucional del espacio público general en asociaciones libres que constituyen la sociedad civil, insertos en patrones (liberales) de cultura y socialización políticas. Se trata inicialmente de una estructura de comunicación que no solo debe percibir los problemas, sino además, tematizarlos, proveerlos de contribuciones e interpretarlos a fin de su elaboración por el complejo parlamentario. Pero,

[26] F. Nietzsche, *El origen de la tragedia*, p.79.

[27] E. Diaz, *La ciencia y el imaginario social*, p. 96.

[28] C. De Matos, "Dinámica económica globalizada y transformación metropolitana. Hacia un planeta de archipiélagos urbanos", en *VI Encuentro de Geógrafos de América Latina*, Buenos Aires, 1997.

[29] J. Habermas, *Facticidad y validez*, Madrid, Trotta, 2005, p. 401.

quizás el concepto espacial más importante en Habermas es el del mundo de la vida. Este representa el punto de vista de los sujetos que actúan en la sociedad. Contiene éste mundo a tres componentes: Sociedad (mundo social), cultura (mundo objetivo) y personalidad (mundo subjetivo). Este concepto representa un aspecto relevante en su teoría de la acción comunicativa y se trata básicamente de un depósito de interacciones simples y organizaciones especiales de acción y de saberes en el marco de sus componentes.[30]

Finalmente, las visiones posestructuralistas de M. Foucault quién, siguiendo a Heidegger, plantea al espacio como un marco de la lucha por el poder. Foucault sostiene que las prácticas sociales cotidianas que emergen de los valores reproducidos socialmente, han sido permanentemente controladas por las estructuras de poder, de modo tal que se asegure una permanente e ininterrumpida reproducción de la matriz social de valores generada por los grupos de élite.[31] Estos sistemas de control generan una estructura que al decir de Michel Foucault está hecha no para ser simplemente vista, ni para vigilar el espacio exterior, sino para permitir el control interior, articulado y detallado. El panóptico de Bentham es el modelo de espacio de control por excelencia, y el que más fielmente refleja la forma en la que se ejerce el control permanente sobre la conducta de la gente y la configuración espacial de la realidad.[32]

Otras visiones estarían representadas por el pensamiento de J. Derrida y G. Deleuze y F. Guattari quienes deconstruyen el espacio/tiempo y establecen la diferencia como el elemento renovador de las representaciones y sentidos del espaciotiempo.[33] Para Derrida, el texto existe siempre que exista la implementación de un discurso, y aunque este no sea explícito, el efecto del espaciamiento implicaría por sí, una textualización. A partir de esto debería producirse una *expansión estra*tégica del concepto de texto, en el cual, el espacio no sería solo lo visible, sino que además constituye aspectos invisibles,[34]

---

[30] J. Martínez, *Implicancias políticas de los conceptos de espacio y sociedad civil en Jürgen Habermas. ¿Pared o puente con las aproximaciones epocalistas?* Lanús, Mimeo, 2008, p. 5.

[31] H. Lefevre, *The productions of space*, Cambridgge, Blackwell, 1991.

[32] M. Foucault*La verdad y las formas jurídicas,* Barcelona, Gedisa, (1999: 98).

[33] M.A. Doel, "Hundred thousand lines of flight. A machinic introduction to the nomad thought and scrumpled geography of G. Deleuze and F. Guattari", en *Environment and Planning D. Society and Space,* Vol. 14, 1996.

[34] J. Derrida, *Las artes del espacio* [entrevista de Peter Brunette y David Wills], en *Deconstruction and Visual Arts,* Laguna Beach, Cambridge U. Press, 1994.

dentro de los cuales podrían instalarse las ideas que sostienen los que pertenecen al mismo. Como resultado, el espacio resultante sería la diseminación de los significados de esas ideas.

> La deconstrucción no consiste únicamente en disociar, desarticular o destruir, sino también en afirmar un cierto «estar juntos», un cierto ahora; la construcción es posible únicamente a partir de que los fundamentos, los cimientos mismos, hayan sido deconstruidos. Afirmación, decisión, invención, la llegada en torno al constructum no es posible a menos que la filosofía de la arquitectura, la historia de la arquitectura, los cimientos mismos, hayan sido cuestionados.[35]

Para Gilles Deleuze y Félix Guattari, la conformación de la sociedad se desarrollaría en función del deseo. Un deseo que no es aquel pensado por Sigmund Freud, como acontecimiento individual, sino que es conformado por la sociedad (*socius*). Piensan a los individuos como un concentrado de espacio tiempo y a la sociedad como un campo de batalla, razón por la cual utilizan una terminología ligada a la lucha por el territorio en función del deseo.[36]

Pensar en un espaciotiempo que incluye multiplicidades, pliegues, nomadismo y por sobre todo ello, un espaciotiempo que no es un sistema cerrado, sino que deviene, nos plantea la posibilidad de un futuro abierto. Esto significa salir de la inexorabilidad de los grandes relatos modernos, lo que implica aceptar a una noción genuina de política.[37] De esta forma, esta última visión nos conduce a la recuperación de la tragedia en tanto las dos primeras, al plantear la codificación nos conduce fuertemente a la instalación del drama. "Ese elemento optimista, al penetrar en la tragedia, asalta cada una de sus regiones dionisíacas, conduciéndolas inexorablemente a la propia perdida, hasta que al fin produce ese salto mortal que la convierte en el drama burgués."[38]

---

[35] Ibid. p.11.

[36] A los fines de profundizar el pensamiento de estos autores puede consultarse fundamentalmente sus trabajos: *El Antiedipo. Capitalismo y esquizofrenia I*, Barcelona, Paidos, 1985 y *Mil Mesetas. Capitalismo y esquizofrenia II*, Valencia, Pretextos, 1988.

[37] D. Massey, "La filosofía y la política de la espacialidad: algunas consideraciones", en L. Arfuch., *Pensar este tiempo. Espacios, afectos y pertenencias*, Buenos Aires, Paidós, 2005, p. 108-109.

[38] F. Nietzsche, *El origen de la tragedia*, op. cit., p. 104.

Podría sostenerse en consecuencia que la crítica que Nietzsche realiza sobre la filosofía en su conjunto lo relaciona con Kant, en tanto crítica pero al generalizarla y extraerle su racionalidad le permite una superación de lo realizado por este. Claro está que la presente interpretación se hace desde un espacio/tiempo que requiere de Nietzsche como condición de posibilidad de existencia.

La noción de dispositivo

Hugo Federico Alazraqui[1]

Introducción

En el presente trabajo se hará una reseña de la noción de genealogía en Nietzsche, para luego trabajar el concepto de dispositivo en M. Foucault[2] y en los artículos de G. Deleuze[3] y de G. Agamben[4] sobre el tema.

Es interesante señalar que el concepto de dispositivo surge en Foucault en el período de su obra que se denomina genealógico. Foucault reconoce una deuda concreta con Nietzsche en este aspecto, al permitirle dejar atrás los enfoques teóricos que hasta el momento lo habían orientado. Estos implicaban una lectura que suponía un sujeto y una continuidad teleológica como supuestos de toda lectura histórica. La genealogía y el concepto de dispositivo surgen en el momento de la obra de Foucault en que éste se enfrenta a la insuficiencia de su método arqueológico del saber. No hay sin embargo que oponer el momento arqueológico al genealógico. La arqueología de los saberes se articula y se complejiza con la genealogía del poder. La idea del poder es parte determinante en la construcción de los saberes. La incorporación de lo no discursivo, de lo que calladamente influye en las construcciones del saber, es decir, del poder, en la forma de los diferentes tipos de dispositivo, marca ese período de la obra foucaultiana. También es de destacar un tercer período en la obra de este autor. El período ético, que del mismo modo no significa un abandono de las concepciones anteriores, sino una complejización de las mismas.

Los artículos de Deleuze y Agamben destacan aspectos del dispositivo que contribuyen a enriquecer el concepto. En el primero, se destacará sobre todo la cuestión del diagnóstico en el que también se puede discernir una influen-

---

1 Universidad Nacional de Lanús. (Argentina)

2 M. Foucault "El juego de Michel Foucault", en *Ornicar*, N° 10, julio 1977, p. 62-93.

3 G. Deleuze, *Michel Foucault, filósofo*, Barcelona, Gedisa, 1990, pp. 155-161.

4 G. Agamben "¿Qué es un dispositivo?", en *Sociológica*, año 26, N° 73, Paris, 2011, p. 249-264.

cia de Nietzsche además de la de Kant. En el texto de Agamben, se señala sobre todo la idea de una subjetividad diseminada en los dispositivos actuales del capitalismo.

Nietzsche y la genealogía

Las nociones de genealogía y de diagnóstico son rastreables en la construcción del concepto de dispositivo. Respecto de la primera es de destacar que el enfoque genealógico en Nietzsche incluye en el origen de los valores morales la variable del poder.[5] Critica la idea de lo bueno como lo útil, señalando lo bueno como lo que es impuesto por el más fuerte. Lo bueno, lo malo y todos los significados no son lecturas que se hacen sobre signos, sino sobre interpretaciones, abriendo al infinito las interpretaciones posibles e inagotables.[6] En su *II Consideración Intempestiva* (1874),[7] Nietzsche destaca el valor de la historia siempre y cuando esté al servicio de la vida y no de un historicismo y de una ilustración vacía, en interés de un poder que sea el que la interprete y la relea según nuevos fines y propósitos. Aquí también es el poder el que se destaca en la relectura e interpretación de la historia. Lo intempestivo en Nietzsche alude a lo que no sigue la temporalidad lineal, sino que irrumpe contra el tiempo y renueva la historia, cambia el pasado. Esa relectura desenmascara la historia aceptada y la sustituye, no por una más verdadera, sino más viva. Detrás de cada máscara hay otra. Un dispositivo es un entramado de fuerzas y de potencias.

Desde esa perspectiva se puede también destacar otro aspecto del dispositivo, como lo hace Deleuze, que es el del diagnóstico como forma de intervención en la actualidad. La lectura genealógica no es una interpretación del origen como lugar de la verdad, sino que allí están las condiciones de producción de un conocimiento que son irrepetibles pero que llevan la marca de ese contexto. En la genealogía, el origen no se lee en sentido metafísico e idealista. Hay que buscar en el origen no la verdad sino la vida. Las condiciones de posibilidad del surgimiento de esa verdad incluyen no sólo los valores, saberes y poderes del momento, sino además los que actualmente llevan a la

---

5 F. Nietzsche, *Más allá del bien y del mal*, Barcelona, RBA, Coleccionables, 2002.

6 F. Nietzsche, *Genealogía de la moral*, Barcelona, RBA, Coleccionables, 2002.

7 F. Nietzsche, *Consideraciones Intempestivas,* Buenos Aires, Alianza, 2002.

relectura de ese momento histórico. Los valores reflejan modos de vida. Es la historia viva y no la leída desde un teleologismo supuesto –en que un sujeto histórico ideal desarrolla su avance progresivo a través de los tiempos, guiado por un fin último y predeterminado. Es una historia hecha de encuentros fortuitos de rupturas y discontinuidades, de acontecimientos puntuales más que de líneas rectas que avanzan sin escollos. Nietzsche critica la lectura idealista desde valores que se consideran absolutos y universales, como por ejemplo la idea del bien o del mal. La historia se reinterpreta constantemente, desde ese punto de vista donde el pasado no está fijado para siempre sino que es modificado cuando se lo relee.[8] Esta idea genealógica es la que incorpora Foucault en la construcción del concepto de dispositivo: la de un poder que construye saberes a su conveniencia y según sus valores e intereses, releyendo y reinterpretando los fenómenos actuales, construyéndolos, ficcionalizándolos según su gusto. Siguiendo la lectura de Nietzsche, va a diferenciar el "origen" del "comienzo". En este sentido, la genealogía apunta al comienzo y no al origen. Asimismo, y en cuanto al comienzo, va a diferenciar la "procedencia" (*Herkunft*) y la "emergencia" (*Entstehung*). En la procedencia se conserva la multiplicidad, lo accidental y lo indeterminado de la historia, sin remitirse lo unitario de un sujeto trascedente y predeterminado. La emergencia se refiere a un estado de fuerzas, un juego de enfrentamientos donde predomina una interpretación y donde se dan tensiones con otras interpretaciones. En la genealogía se juega lo complejo de las determinaciones, el azar y también los juegos de poder que imponen las interpretaciones que se relevan unas a otras y hacen aparecer los hechos como acontecimientos.

El dispositivo en Foucault

Como se dijo, Foucault supera el momento arqueológico de su obra con un enfoque genealógico de los poderes. Ese cambio conceptual va de los libros más arqueológicos, como la *Historia de la locura en la época clásica, Las palabras y las cosas y La arqueología del saber*, a esta segunda etapa genealógica de su pensamiento representada por libros como *Vigilar y castigar* e *Historia de la sexualidad*. Foucault sintetiza los significados que le otorga al término dispositivo del siguiente modo:

[8] C. Ambrosini, *Políticas de la amistad e ideales ascéticos* exposición realizada en Jornadas Nietzsche-Derrida, material de clases Materia Filosofía Contemporánea del Doctorado de Filosofía de la Universidad nacional de Lanús.

> Lo que trato de situar bajo ese nombre es, en primer lugar, un conjunto decididamente heterogéneo, que comprende discursos, instituciones, instalaciones arquitectónicas, decisiones reglamentarias, leyes, medidas administrativas, enunciados científicos, proposiciones filosóficas, morales, filantrópicas; en resumen: los elementos del "dispositivo" pertenecen tanto a lo dicho como a lo no dicho. El dispositivo es la red que puede establecerse entre estos elementos... Resumiendo, entre esos elementos, discursivos o no, existe como un juego, de los cambios de posición, de las modificaciones de funciones que pueden, estas también ser muy diferentes.[9]

Foucault destaca tres ejes en la noción de dispositivo: sus elementos constituyentes y heterogéneos entre sí, las relaciones que estos establecen en lo que llama "red", y su aspecto político-social como estrategia de poder y de dominación. En este último aspecto funciona lo no discursivo, "lo no dicho" que actúa sin enunciación, naturalizando prácticas e imponiendo interpretaciones de hecho.

> Por dispositivo entiendo una suerte de formación que, en un momento dado, ha tenido por función mayoritaria responder a una urgencia. De este modo, el dispositivo tiene una función estratégica dominante [...]. He dicho que el dispositivo tendría una naturaleza esencialmente estratégica; esto supone que allí se efectúa una cierta manipulación de relaciones de fuerza, ya sea para desarrollarlas en tal o cual dirección, ya sea para bloquearlas, o para estabilizarlas, utilizarlas. Así, el dispositivo siempre está inscrito en un juego de poder, pero también ligado a un límite o a los límites del saber, que le dan nacimiento pero, ante todo, lo condicionan. Esto es el dispositivo: estrategias de relaciones de fuerza sosteniendo tipos de saber, y [son] sostenidas por ellos.[10]

Edgardo Castro señala que Foucault desarrolla el concepto de dispositivo para introducir en sus análisis la noción de poder.[11] El concepto de dispositivo es más abarcativo que el de episteme y forma parte del período genealógico en la obra de Foucault, ya que la episteme describe solamente formaciones

---

[9] M. Foucault, "El juego de Michel Foucault", op. cit.

[10] Ibíd.

[11] E. Castro *El vocabulario de Michel Foucault: un recorrido alfabético por los temas, conceptos y autores*, Universidad Nacional de Quilmes, 2004.

discursivas, y el dispositivo intenta articular una concepción acerca de las formaciones discursivas y no discursivas, introduciendo la cuestión del poder e intentando no sólo describir los discursos sino también sus cambios. Pero el dispositivo también se puede pensar en relación a su propia génesis. En un primer momento, predomina el aspecto estratégico pero luego, una vez constituido, tiende a conservarse realizando las adaptaciones necesarias para adaptarse a los cambios de época como a sus propios efectos no deseados. Se trata de un juego de poder pero también de un juego de saberes. Ambos juegos se crean, justifican y fundamentan mutuamente.

Los dispositivos a nivel micro

Lo institucional como "lo no dicho" socialmente enmascara una estrategia de poder y puede provocar también un efecto contrario de resistencia a los macrodispositivos. Es el caso del trabajo en equipo en las instituciones, donde se evitan los efectos de burocratización y alienación que tienden a producirse en las estructuras organizativas habituales.

El dispositivo funciona como articulador de enfoques teóricos, marcos normativos, encuadres, personas, lazos transferenciales. Foucault habla de distintos tipos de dispositivos (disciplinarios, de saber, poder, sexualidad, verdad, subjetividad, etc.). La noción de dispositivo en Foucault encarna el giro teórico que lo hace pasar de una arqueología de saberes a una genealogía de poder. De ese modo, Foucault se distancia tanto del estructuralismo como de los planteos hegeliano-marxistas. En la línea de Nietzsche, trata de pensar la tarea filosófica como el desenmascaramiento de las diversas capas de ficciones que interpretan los acontecimientos, pero no para llegar a uno original y verdadero, puesto que no existe, sino para realizar un diagnóstico que permita una intervención en la actualidad, que apunte a reinterpretar el pasado y con ello cambie el futuro. Es una relectura que se hace desde una perspectiva parcial, personal y un interés admitidos que, lejos de deslegitimarla, la autorizan. Es la "resignificación" como herramienta de transformación. La inclusión del poder como categoría de análisis en su metodología permite pensar las transformaciones que sufren las epistemes, aunque no de un modo lineal y continuo, sino al modo inactual e intempestivo de Nietzsche.

Pero en Foucault puede leerse también un tercer momento, además de los mencionados momentos arqueológico y genealógico. Si la incorporación de la idea de poder le permitió pensar las transformaciones de las epistemes según un dinamismo del cual el enfoque arqueológico carecía, en este tercer momento es la noción de "prácticas" la que le permite pasar a una etapa que, si bien en continuidad con las anteriores, incluye ahora las nociones de ética y de sujeto. Los dispositivos son también campos de praxis, es decir, que en ellos se insertan sujetos, se realizan acciones, jugándose en su interioridad un entramado donde también se producen conocimientos y subjetivaciones, relaciones con otros y consigo mismo. Foucault retoma en forma conjunta su planteo metodológico, incluyendo ahora formas de veridicción, prácticas de gobierno y formas de subjetivación en las relaciones con otros y consigo mismo.

La noción de dispositivo conjuga, en un campo de praxis, la producción de saberes, formas de gobierno y modos de subjetivación. La noción de prácticas que atraviesa toda su obra también puede pensarse en Nietzsche, para quien no existe el sujeto como sustancia sino que se trata de acciones, es decir, de praxis efectuadas en un contexto concreto y polideterminado. Los dispositivos son entonces fruto de esos contextos complejos y azarosos que se organizan en torno a urgencias. Se relaciona también su surgimiento con la noción de acontecimiento que apunta del mismo modo a una perspectiva no lineal de la historia.

En síntesis, estudiar los dispositivos es también afín a la crítica nietzscheana de los valores absolutos y universales. Desde el dispositivo y las prácticas se puede prescindir de abstracciones absolutas y repensar en cada caso su aplicación singular. El dispositivo funciona como otro modo de formalización de la práctica, donde ya no entran las categorías desvinculadas del caso concreto. Aquí también, como se con verá con Deleuze, viene a destacarse el dispositivo en lo que tiene de capacidad diagnóstica, de subjetivación y de construcción de líneas de fuga que funcionen como resistencia y espacios de lucha contra las formas de alienación y control. Además de estrategia de control de un emergente social, el dispositivo macro puede funcionar a nivel micro, al interior de las instituciones como potenciales promotores de cambio y de subjetivaciones no alienadas.

Deleuze: el dispositivo y el diagnóstico

Deleuze va a describir el dispositivo foucaultiano como un entramado de líneas de diferente naturaleza que no representan sistemas homogéneos, como el sujeto o el lenguaje, y que tienen recorridos variables en constante desequilibrio. Estudiar un dispositivo es para él cartografiarlo, instalarse en su territorio, recorrerlo. Aquí se distinguen al menos cuatro dimensiones:

La primera de ellas es la de la "visibilidad": se habla de un régimen de visibilidad. El dispositivo hace visible algunas cosas y oculta otras. La segunda línea es la "enunciación": lo decible y lo no decible. En este sentido, las palabras y las cosas son lo que se dice y lo que se ve según los regímenes de luz y decibilidad que impone el dispositivo. El dispositivo es una máquina de hacer hablar y de hacer ver. En tercer lugar están las líneas de fuerza que unen a las dos anteriores. Las palabras y las cosas, lo visible y lo enunciable, son como flechas que van de unas a otras de esas líneas. Es la dimensión del poder. La cuarta y última línea es la de la "subjetivación". Este es un caso especial, dado que, a diferencia de las otras, en lugar de conectarse se vuelve hacia sí misma. La subjetivación se afecta y se ejerce sobre sí misma. Es una "línea de fuga" que escapa a las anteriores; es un plus respecto a las otras dimensiones. Deleuze señala que Foucault parte del dispositivo de la *polis* griega, donde, desde la línea de poder, se realiza la rivalidad entre los hombres libres. Esta práctica implicará que, para gobernar a otros, el ciudadano deba ante todo gobernarse a sí mismo. La tarea que Foucault nos deja consiste en ver formas de subjetivación de otros dispositivos. Aquellos que, como los "nobles", a decir de Nietzsche, se subjetivan imponiendo sus valores y autoproclamándose como los "buenos" no son los únicos. Existen otras subjetividades como la de los malos, los pecadores, etc.

En síntesis, los dispositivos tienen líneas de visibilidad, de enunciación, de poder y de subjetivación, que finalmente pueden dar lugar a líneas de fuga y de ruptura. Esto trae como primera consecuencia la caída de los Universales: lo Uno, el Todo, lo Verdadero. En línea con la herencia nietzscheana, el dispositivo descree de esos valores trascendentes y se atiene a la inmanencia de cada dispositivo y de lo que, en cada caso, se produce. Cada dispositivo es una multiplicidad de líneas operan en forma singular. También con Nietzsche y con Spinoza, el dispositivo muestra que los sentidos derivan de los modos de existencia. Foucault hablará de "criterios estéticos", revelando así la influencia de la idea de una ciencia "jovial" de Nietzsche, desprendiéndose también de los valores universales y eternos para dar lugar a lo nuevo, pero no como originalidad de enunciados aislados, sino por la creatividad propia de los nuevos regímenes de visibilidad, de enunciación, de poder, de subjetividad, es decir: de los nuevos dispositivos.

Pertenecemos a dispositivos y en ellos actuamos. Aquí la actualidad, lo nuevo, no es lo que decimos y sabemos, sino lo que hacemos efectivamente. Lo actual implica aquí también una referencia a Nietzsche. Es lo intempestivo que contra el tiempo actúa para modificarlo. Es aquello en lo que nos vamos transformando, y no lo que ya somos. Es el devenir de lo que somos y vamos dejando de ser. La historia es el archivo de lo que ya no somos pero lo actual es el esbozo de lo que seremos.

Las nuevas formas de subjetivación pueden ser también nuevas formas de resistencia al disciplinamiento y al control. Deleuze considera que Foucault, al igual que Nietzsche, deben ser leídos y comprendidos a la luz de su contemporaneidad. En ese sentido, las entrevistas a las que Foucault concedió tanta importancia en sus últimos años se corresponden con su diagnóstico de la actualidad cuya expresión no podía darse en forma de libros. Lo que piensa de las formas de subjetivación actuales o de dominación se halla en las entrevistas. En ellas realiza los diagnósticos acerca de las nuevas líneas de fractura de su tiempo.

Finalmente, Deleuze va a considerar que las grandes líneas que conforman un dispositivo (visibilidad, enunciación, poder, subjetividad, fuga) se van a repartir en dos grandes grupos. Por un lado, las líneas de estratificación o sedimentación, y por otro las de actualización o creatividad. Es en éstas donde se produce la posibilidad de cambio y de subjetivación como forma de resistencia a los biopoderes.

Agamben: dispositivo y sujeto, el plano de las prácticas

En el texto "¿Qué es un dispositivo?", Agamben procura hacer una genealogía del término en cuestión. Considera que uno de los conceptos de los que deriva es el hegeliano de "positividad". Con este concepto, según señala Jean Hyppolite, el joven Hegel aludía a las determinaciones histórico-sociales –o institucionales, políticas, jurídicas, es decir, de poder –que obligan al individuo más allá de su voluntad y de su razón. Son mandatos que se oponen así a la libertad del hombre. En Hegel, sin embargo, hay una intención de conciliar ambas vertientes (positividad y libertad) en una razón que pierde el carácter abstracto y se concretiza armonizando con la riqueza y complejidad de la vida. Lejos está Foucault de esa preocupación por conciliar ambas vertientes. En todo caso, sí se preocupa por señalar la impronta de los factores de poder en la producción del saber y de las subjetividades.

Agamben considera que éste es uno de los comienzos del concepto de dispositivo. Al igual que Deleuze, concibe al dispositivo como el término que sustituye los "universales" como objeto de la crítica de Foucault. La otra fuente que contribuye a la construcción del concepto es el de "economía". El término tiene un uso teológico muy importante en los primeros siglos del cristianismo, sobre todo allí donde se discutía el tema de la Trinidad. El temor, compartido por amplios sectores de la Iglesia, era la idea de una deidad que fuera a la vez una y trina, lo cual podría dar lugar a un retorno al politeísmo y al paganismo. La argumentación utilizada por los defensores de la idea de la Trinidad fue que la Divinidad, si bien era una sola, habría derivado, como un buen padre a su hijo, los efectos del gobierno de los hombres y de los asuntos terrenales. De ese modo, se escindís la cuestión del ser de la cuestión de las prácticas.

El termino griego *oikonomia* es traducido por los padres de la Iglesia al latino *dispositio*, del que deriva el de dispositivo. Este término alude, desde esa perspectiva, al gobierno del mundo. Otro término que Agamben destaca en la conformación del concepto de dispositivo es el de *Gestell* de Heidegger, también emparentado etimológicamente (*stellen* corresponde al latino *ponere*). Heidegger se refiere con *Gestell* a la tecnología que es puesta por el hombre y que finalmente se le impone como mandato.

Tanto en la positividad hegeliana, la economía de los teólogos o la tecnología heideggeriana aluden a un conjunto heterogéneo de praxis, saberes e instituciones cuyo sentido es el de gobernar, orientar y controlar los comportamiento y los pensamientos humanos. En ese punto, Agamben decide abandonar el enfoque genealógico y aportar su propia lectura del término, proponiendo una división general en dos grandes conjuntos o clases: el de los seres vivos por un lado y por otro el de los dispositivos. Con ello intenta ampliar la definición foucaultiana de dispositivo, hasta abarcar todo lo que no sea la sustancia viviente:

> Llamo dispositivo a todo aquello que tiene, de una manera u otra, la capacidad de capturar, orientar, determinar, interceptar, modelar, controlar y asegurar los gestos, las conductas, las opiniones y los discursos de los seres vivos. No solamente las prisiones, sino además los asilos, el *panoptikon*, las escuelas, la confesión, las fábricas, las disciplinas y las medidas jurídicas, en las cuales la articulación con el poder tiene un sentido evidente; pero también el bolígrafo, la escritura, la literatura, la filosofía,

> la agricultura, el cigarro, la navegación, las computadoras, los teléfonos portátiles y, por qué no, el lenguaje mismo, que muy bien pudiera ser el dispositivo más antiguo, el cual, hace ya muchos miles de años, un primate, probablemente incapaz de darse cuenta de las consecuencias que acarrearía, tuvo la inconsciencia de adoptar.[12]

Ahora bien, entre esas dos grandes clases, Agamben introduce una tercera, que es la categoría de sujeto. Se denomina sujeto a lo que resulta de la relación entre las dos primeras categorías, es decir, "del cuerpo a cuerpo" entre dispositivos y seres vivos. En ese sentido, apunta a los dispositivos como artefactos de subjetivación y también de desubjetivación. Según Agamben, la época actual se caracteriza por la proliferación de dispositivos que diseminan al infinito la categoría de sujeto. La pregunta entonces es con qué estrategia debe enfrentarse el sujeto a esos múltiples dispositivos que lo acosan constantemente. Para pensar esta cuestión, Agamben se retrotrae a los dispositivos que, en su definición más amplia, abarcarían el proceso mismo de "hominización", es decir, de separación del hombre de la esfera de la naturaleza, advirtiendo que la estrategia en el cuerpo a cuerpo frente a los dispositivos no es simple.

Para afrontar esta cuestión, Agamben se vale de la idea de lo profano y lo sagrado. Lo sagrado es aquello que, por obra del sacrificio y su ritual, se excluye del uso común de los humanos. En cambio, lo profano es algo que sí está a disposición de los hombres. El paso de una esfera a la otra es, por un lado, el rito sacrificial en el pasaje de lo profano a lo sagrado, y, por otro, el juego como instancia de desacralización. El juego funciona como actividad que devuelve lo sagrado a la esfera humana para su uso común. Agamben considera al capitalismo como una derivación de la religión cristiana o, al igual que Benjamin, una religión en sí misma. Ahora bien, no se trata de una religión de la expiación y la redención, sino de la culpa y de la destrucción; religión que hace proliferar dispositivos de alienación que desubjetivan constantemente.

El juego estaría en el lugar de posible respuesta al enfrentamiento de los seres vivos con los dispositivos. Allí se habilitaría, como en el caso de los niños, otros usos que los predeterminados. Un juguete puede ser cualquier cosa y cualquier cosa un juguete. En ese uso particular, ve una posibilidad de desalienación del gran dispositivo capitalista en el que se sacraliza todo y nada puede usarse en el modo del juego, es decir, creativamente. El capitalismo retira del

---

[12] Agamben, "¿Qué es un dispositivo?", op. cit. p. 257.

uso todo objeto y lo hace apto solamente para el consumo o el espectáculo, ambas alternativas en la que el individuo se halla alienado y desubjetivado. De ese modo, extiende el concepto de dispositivo para describir el capitalismo como sistema; como máquina global de desubjetivación y alienación.

Conclusiones

Foucault, como se dijo, incorpora en una segunda etapa de su pensamiento el concepto de poder. Este enfoque está fuertemente influido por Nietzsche y su método genealógico. Foucault habla al principio de episteme y de prácticas discursivas. En esta segunda etapa incorpora las prácticas no discursivas de poder, enlazadas ambas en el concepto de dispositivo. Posteriormente, hablará de las prácticas de sí que no invalidan, sino que complejizan, las prácticas estudiadas con anterioridad. Al tema del poder incorporado en su fase genealógica se agrega el concepto de "gubernamentalidad", las técnicas de gobierno, ya no en la modalidad de lucha y enfrentamiento, ni tampoco de legalidad jurídica o de pacto, sino en la particular forma de poder que es el gobierno, incorpora de este modo otros conceptos como los de "biopolítica" y "biopoder". En los textos estudiados en este trabajo, se destaca el lugar central que Deleuze y Agamben le otorgan al concepto de dispositivo en la obra de Foucault. Se trata de un concepto bisagra que marca el alejamiento del autor de los supuestos históricos propios del estructuralismo. Deleuze destaca del concepto de dispositivo lo que llama líneas de visibilidad, de enunciación, de poder, de subjetividad, y por último las de fragmentación ligadas a la subjetividad. El sujeto es pensado de otro modo: no como unidad o sustancia transhistórica, sino sujeto fragmentado que emerge en determinados momentos según las líneas de fuerza descriptas; sujeto que se acontecimentaliza en cada contexto, y no por fuerza de un determinismo preestablecido, sino influenciado por la multiplicidad de variables descriptas y también por el azar. Por último, Deleuze destaca que, a grandes rasgos, hay líneas de sedimentación en el dispositivo pero también otras de cambio de subjetivación o de fractura que se relacionan con el concepto de diagnóstico. Estas son las líneas de fuga y de fractura que permiten los cambios, la resistencia del sujeto al poder, pero no desde fuera de los dispositivos sino desde dentro, a un nivel micro, en la organización de los procesos de trabajo locales. La práctica filosófica pensada como un diagnóstico de la actualidad implica un compromiso ético con lo que sucede. Es el compromiso del filósofo con su tiempo y con la coyuntura social histórica y política en la que actúa y en la cual interviene a través del diagnóstico. Es la intervención que pasa por entender la lógica de lo actual y desenmascarar las falacias construidas por las estrategias de dominación.

Agamben amplía la idea del dispositivo foucaultiana hasta abarcar todo lo que condiciona la conducta humana incluyendo los dispositivos tecnológicos actuales. Describe el capitalismo actual como un entramado cerrado superpoblado de dispositivos alienantes de la subjetividad del sujeto constantemente acosada por los mismos. Divide los entes en dos grandes grupos: los dispositivos y los individuos. En la articulación de ambos los sujetos. Estos no deben confundirse con los individuos ya que representan un inter juego estratégico y de resistencia entre individuos y dispositivos. Sin embargo plantea también una posibilidad de eludir los dispositivos al pensar lo lúdico. El juego como aquello que permite salir de la alienación propia del capitalismo. Siguiendo a Benjamin considera al capitalismo como una gran religión heredera del cristianismo que a diferencia de las otras sacraliza y extrae del uso de los hombres todos los objetos dejando solamente al hombre la opción del consumo o del espectáculo. Esa sacralización alienante es posible sin embargo de revertir gracias al recurso del juego. El juego desacraliza, profana y permite el uso común de los objetos pero no al modo indicado por los dispositivos capitalistas. Juego en el que se abre a la creatividad de los sujetos. El hacer del objeto un juguete y darle nuevos usos no preestablecidos los restituye al uso común y a los sujetos su singularidad alienada.

De este modo considero que los diferentes aportes al concepto de dispositivo desde Nietzsche a Agamben permiten no solo una lectura de los saberes, los dispositivos y las diferentes formas de subjetivación sino también aportan elementos para la organización de formas de resistencia y lucha de los sujetos en sus prácticas en los dispositivos. Prácticas en que es posible la desubjetivación pero también la invención de nuevas subjetividades.

La opacidad epistemológica-ideológica del dispositivo sirve en un doble aspecto: permite desarrollar un trabajo ideológicamente avanzado de hecho más allá de las pertenencias ideológicas explícitas de los individuos, y además selecciona de hecho a las personas más aptas para ese dispositivo. La praxis acaso no sea formalizable, al menos no como sistema proposicional. Estos imponderables son, potencialmente, los espacios aptos para la creación de nuevos dispositivos, que impliquen una concepción crítica de la hegemónica.

Este tipo de dispositivos innovadores suponen una estrategia de acumulación es decir, la creación de un campo de praxis, formación, experiencia y desarrollo teórico, que permitan incidir y modificar un espacio más amplio.

La característica doble o, más precisamente, múltiple del sujeto. Sujeto que sujeta y es sujetado, que en su complejidad es muchos, y que se produce y modifica permanentemente le permite accionar en el trabajo cotidiano que determinará los modos de producción del futuro.

Los cambios más significativos en los modos de producción no estarían dados centralmente por la incorporación de tecnología, sino por la modificación de los dispositivos en todos sus elementos tanto relacionales, teóricos, subjetivos, como instrumentales. Así como en el ajedrez pensado como dispositivo las reglas no definen cada jugada ni como la partida se desarrollará son sin embargo condición de posibilidad, para que la infinidad de partidas posibles se produzca. Se observa así el potencial constructivo de las reglas, los elementos materiales, los jugadores y otros que a la vez que fijan límites abren un campo de prácticas.

Los juegos de lenguaje en Wittgenstein pueden aproximarse a la noción de "dispositivo" de Foucault que implica una articulación entre elementos heterogéneos. En ese caso reglas y acciones. Lo simbólico y lo real de la praxis.

La descripción, de Foucault, del dispositivo corresponde a un nivel macro político y también micro político, la potencialidad de los dispositivos como forma de resubjetivación de los sujetos que los integran y la toma de posición de los mismos respecto de su tarea y de su función social. Es decir, también desde los trabajadores la conformación de dispositivos puede ser una estrategia que los favorezca en la peculiar relación de fuerzas en que se hallan incluidos y que condiciona sus actividades.

Los dispositivos a nivel micro permiten una adecuada articulación y equilibrio que contrarrestan ese efecto de acallamiento que Foucault describe y por lo contrario representarían instancias de reflexión crítica acerca de las características del proceso de trabajo, promocionando una posición activa por parte de sus integrantes. Este tipo de dispositivos incluiría en ese interjuego de poderes y saberes, como lo caracteriza Foucault, la interdisciplinariedad de saberes y la participación amplia y activa de todos los actores involucrados en el proceso.

La práctica como real siempre se enfrenta a obstáculos, a lo que falta, lo que se rompe, las fallas. Nada puede repetirse ni hacer según lo estrictamente planificado porque siempre irrumpe el azar, lo sorpresivo el acontecimiento y la creatividad.

Nietzsche y Ramos Mejía: una aproximación con la ciencia

Mauro Ezequiel Scivoli[1]

Introducción

El estudio de las ideas políticas en la Argentina del siglo XIX ha sido el tema de investigación en mi tesis de licenciatura[2] por la carrera en Cs. Política en la Universidad Nacional de Lanús (UNLa), como así también el futuro diseño de mi tesis por el Doctorado de Filosofía en UNLa.

El escenario post-independentista inauguro una serie de interrogantes en torno a una variable común: la gobernabilidad. ¿Quién gobierna?, ¿cómo gobierna?, ¿bajo qué preceptos teóricos lo hace?, son algunos de estos interrogantes. En este sentido, un reducido número de actores políticos serán los encargados de dar respuesta a estas preguntas.[3] José María Ramos Mejía será uno de los miembros de esta élite y como tal bosquejará diversas formulaciones en torno a la variable de gobernabilidad.[4]

El presente trabajo busca ofrecer un análisis comparativo entre actores y obras tan diferentes como contrapuestos: Friedrich Nietzsche y su texto *Sobre*

---

1 Universidad Nacional de Lanús. (Argentina)

2 Debo señalar que tanto mi tesis de licenciatura por la carrera en Cs. Política en la Universidad Nacional de Lanús (UNLa), como el actual plan de investigación que he presentado por las Becas Internas Doctorales de CONICET y el futuro diseño de mi tesis por el Doctorado de Filosofía en UNLa constituyen una línea de investigación del proyecto sobre el pensamiento de Alberdi que mi director, el Dr. Alejandro Herrero, dirige.

3 "el progreso argentino es la encarnación en el cuerpo de la nación de lo que comenzó por ser un proyecto formulado en los escritos de algunos argentinos cuya única arma política era su superior clarividencia". T. Halperin Donghi, *Una Nación para el desierto argentino,* Buenos Aires, Prometeo Libros, 2005, p. 31.

4 Resulta válido señalar que Ramos Mejía ocupó un lugar de relevancia dentro del contexto político al asumir la presidencia del Consejo Nacional de Educación entre los años 1908 y 1912.Véase, Hebe Clementi, "José María Ramos Mejía", en H. Biagini, (comp.). *El movimiento positivista argentino,* Buenos Aires, Editorial de Belgrano, 1985, p. 390.

verdad y mentira en sentido extramoral de 1873, y el ya mencionado José María Ramos Mejía y su obra *Las multitudes argentinas* de 1899.

El positivismo ejerció durante la segunda mitad del siglo XIX una impronta hegemónica en la mayoría de los planos político-culturales. La exaltación del método científico como forma más acabada de conocimiento, por tanto, será el común denominador de estos planos y de este período histórico[5]. Sin embargo, algunas voces se levantarán contra esta corriente de pensamiento a partir de una crítica al racionalismo y a la ciencia como forma de conocimiento.

Desde Europa, Friedrich Nietzsche será uno de los expositores de esta crítica al positivismo; en *Sobre verdad y mentira en sentido extramoral,* el autor brinda una argumentación tendiente a derrumbar el edificio sobre el que se asienta el origen de la ciencia y con ello, la verdad científica; es decir, que lo que Nietzsche está haciendo es dar, a partir de esta crítica, una lucha en un determinado campo que no es otro que el campo intelectual.

Desde América, en particular desde Argentina, un dirigente político como José María Ramos Mejía, a través de *Las multitudes argentinas* expondrá no solo una adhesión al cientificismo positivista, en este caso impregnado fuertemente por la biología, sino también, como un marco de legitimidad para el accionar político.[6]

Mientras que en el primer caso se observa una crítica al positivismo que se instala en el plano intelectual, en el segundo se expresa una marcada adscripción a este ideal como fundamento legitimador de la esfera política. Ilustrar esta tensión, es decir estos puntos antagónicos, será el objetivo de este trabajo. El mismo se encuentra estructurado a partir de dos bloques, correspondientes al análisis de las obras de cada uno de los autores mencionados, seguido por su respectiva conclusión. De esta manera se busca trazar puntos de ruptura y de continuidad respecto del positivismo.

---

[5] "No obstante las divergencias (entre Comte, Spencer y Marx) nadie pone en duda la capacidad de la ciencia para resolver todos los problemas de interés humano. Y por ciencia, al fin, entienden únicamente las ciencias naturales: La eficacia de sus métodos experimentales, la amplitud de su desarrollo, la fecundidad de sus aplicaciones técnicas, la exactitud de sus conclusiones, la supuesta inmutabilidad de sus leyes, las recomiendan como la verdad típica asequible a la razón". A. Korn, *Influencias filosóficas en la evolución nacional*, Buenos Aires, Ediciones Solar, 1983, p. 201.

[6] El movimiento positivista ejerció una influencia ponderable en distintos personajes de la escena pública entre los que se puede mencionar, además del referido Ramos Mejía, a Florentino Ameghino, José Ingenieros, Juan B. Justo, entre otros.

Sobre verdad y mentira en sentido extramoral. El conocimiento y la ciencia en tanto formas de engaño y simulación

La exposición de Nietzsche da cuenta de un entramado relacional entre conocimiento, verdad, mentira y metáfora. El autor reafirma la idea del conocimiento en tanto invención, es decir es un artefacto de producción por parte de los hombres; estos, imbuidos de un espíritu superior dado a partir de la razón, han dado paso al momento más infame y contra natural al crear este elemento, que es el conocimiento y que no representa otra cosa que una fábula. El propulsor de esta fábula es el intelecto humano que, si bien es una particularidad inherente al ser humano, no lo convierte a este último en un ser superior al resto de los animales. El intelecto es el dador de simulación y engaño en el accionar de los hombres[7], estos, por su parte, mantienen una propensión a la mentira por lo largo de sus vidas, empero, por necesidad y aburrimiento necesitan transitar dicha vida en sociedad por lo que es imperioso establecer un tratado de paz que elimine las rencillas. Este parece ser el primer paso hacia el enigmático impulso de la verdad. ¿Qué es la verdad en una primera instancia? es una "designación regularmente válida y obligatoria de las cosas, y la legislación del lenguaje proporciona también las primeras leyes de la verdad: surge aquí por primera vez el contraste de verdad y mentira."[8] El hombre huye de la mentira por los perjuicios que esta ocasiona, pero esta verdad es solo relativa y aparente en tanto esta mediada por las palabras; las palabras no son otra cosa que copias en sonidos de una excitación nerviosa, y el querer inferir de una excitación nerviosa una verdad es, afirma Nietzsche, el producto de una falsa e injustificada aplicación de la razón.

Las palabras resultan ser insuficientes para explicar la *cosa en sí,* que en última instancia es la verdad sin más, por lo que aquél que emplea palabras solo instruye las relaciones entre las cosas y los hombres generando una aplicación expresada en metáforas.[9] Con esto, el camino conduce a la creencia general de

---

[7] "El intelecto, como un medio de mantenimiento del individuo, desarrolla sus principales fuerzas en la simulación, pues ésta es el recurso con que cuentan para mantenerse los individuos más débiles, menos robustos, a los cuales les han sido negados los cuernos o las agudas dentaduras de las fieras en su lucha por la vida. En el hombre este arte de la simulación llega a su cima". F. Nietzsche, *Sobre verdad y mentira en sentido extramoral*, trad. Lucía Piossek Prebisch, en Discurso y realidad, Tucumán, 1985, p. 72.

[8] Ibíd., p. 73.

[9] "El que crea las palabras designa sólo las relaciones que las cosas guardan con los hombres, y se sirve para expresarlas de las más audaces metáforas. ¡Trasladar en primer término una excitación nerviosa a una imagen!: primera metáfora. ¡Transformar a su vez la imagen en un sonido!: Segunda metáfora". Ibíd., p.74.

los hombres en que mediante el habla se puede saber sobre las cosas: árboles, flores, nieve; cuando en concreto solo se posee una serie de metáforas que no corresponden a las esencias genuinas de las cosas.

El lenguaje, por tanto, conlleva a una distorsión de la aprehensión de las cosas por transformar las palabras en conceptos; el concepto tiende a adecuarse a innumerables casos por lo general disimiles; así, por ejemplo:

> [...] llamamos honrado a un hombre; ¿por qué –preguntamos– ha actuado hoy honradamente? Nuestra respuesta suele ser: a causa de su honradez. ¡La honradez! Y una vez más: la hoja es la causa de las hojas. Nada sabemos de una cualidad esencial llamada honradez, sino solo de muchas acciones individualizadas, y por tanto disimiles a las que, prescindiendo de lo desigual, equiparamos y designamos con el nombre de acciones honradas; por último, a partir de ellas, formulamos una qualitas occulta con el nombre: la honradez.[10]

Esto implica pasar por alto el aspecto individual, así como la forma, mientras que, contrariamente, la naturaleza no conoce ni conceptos ni formas sino solo una x indefinible e inaccesible; en definitiva, ¿qué es la verdad?; Nietzsche afirma que es:

> [...] una suma de relaciones humanas que fueron realzadas de modo poético y retórico, transmitidas, adornadas, y que, después de un largo uso, a un pueblo le parecen definitivas, canónicas y obligatorias: las verdades son ilusiones respecto a las cuales se ha olvidado que son, metáforas, metáforas que paulatinamente han ido desgastándose y perdiendo su fuerza sensible.[11]

La verdad, por tanto, no es más que una ilusión desarrollada en función, agrega el autor, de una inconsciencia vinculada a costumbres centenarias, es decir que, producto de este elemento, el hombre expresa un sentimiento innato hacia la verdad. Esta verdad, estas metáforas, constituyen un bloque que lo aprisiona y, que en ese escenario, también el hombre adquiere una percepción particular, que por lo general es pensada como univoca y excluyente.[12]

---

[10] Ibíd., p. 75.

[11] Ibíd., p. 76.

[12] "Al hombre ya le cuesta trabajo convencerse de que el insecto o el pájaro perciben un mundo completamente diferente que el percibido por él, y de que la pregunta sobre cuál de ambas percepciones del mundo es más co-

La ciencia, en este sentido, comporta el mismo rol que el lenguaje, es decir, la construcción de conceptos y busca expresarlos a través de las leyes de la naturaleza; estas últimas no son otra cosa que una reproducción edilicia de relaciones de tiempo, de espacio y número, desplegados en el terreno de las metáforas formuladas por el intelecto. Sin embargo, el hombre intuitivo, ajeno a la abstracción y de un carácter netamente irracional, se coloca en una posición inversa por la cual, "situado en medio de una cultura, con sus intuiciones, más allá del rechazo del mal, experimenta una continua fluencia de claridad, serenidad, liberación".[13]

La simulación, el intelecto, las metáforas, las leyes naturales, comportan, como se ha visto, una posición relacional entre sí, mientras que el hombre intuitivo ha de colocarse en una posición contraria a esta esquematización. ¿Qué se puede desprender de todo esto? Que la mayoría de las construcciones mentales de los hombres está fundada en su intelecto, sin embargo, este no es otra cosa que un instrumento propenso a la mentira y al engaño.

El positivismo y Las multitudes argentinas

José María Ramos Mejía publicará en 1899 *Las multitudes*. Bajo la influencia de la corriente de ideas de antropología positiva fundada por Cesare Lombroso entre los años 1860 y 1870, y determinada por una nueva disciplina conocida como "psicología de las masas", expuesta por autores franceses entre los que se destaca Gustave Le bon, Las multitudes introducirá diversos conceptos en búsqueda de responder a la pregunta: "¿Cómo evitar que la presencia de las masas afecte la gobernabilidad y el reconocimiento del papel rector de la minoría dirigente?"[14] Para ofrecer una respuesta a este dilema de la relación masa-élite, el positivismo se muestra como el instrumento más probo para dicha empresa; la elaboración de leyes científicas como resultado de un estudio minucioso de este fenómeno, que son las masas, implica un

rrecta es totalmente sin sentido, ya que debería medírsela con la medida de la *acertada percepción*, es decir, con una medida que *no existe*. A mí me parece que la correcta percepción- es decir la adecuada expresión de un objeto en un sujeto- es un absurdo contradictorio: entre dos esferas absolutamente distintas como objeto y sujeto, no hay casualidad, no hay exactitud, no hay expresión, sino, a lo sumo, un comportamiento *estético*, quiero decir una transposición interpretativa, una traducción balbuceante a un idioma totalmente extraño." Ibíd., p.78.

[13] Ibíd., p. 83.

[14] O. Terán, *Historia de las ideas en la Argentina*, Buenos Aires, Siglo Veintiuno, 2008, p. 128.

dominio sobre el mismo, es decir, si se quiere gobernar a las masas se hace imperioso, conocerlas.

El individuo aislado es entendido como un sujeto racional que comporta su accionar a partir de una voluntad libre y autónoma; la multitud, por el contrario, es una entidad carente de toda racionalidad, cuyo obrar está definido por impulsos más bien emocionales.

Cuando un individuo se inserta en una multitud se enajena, es decir, su comportamiento a priori racional y libre es absorbido por la entidad que es la multitud y a partir de la cual su accionar se desarrollará por móviles irracionales y emocionales. Sin embargo, no todos los individuos adscriben a esta enajenación. La élite posee "la distancia crítica suficiente para no caer en el estado de multitud; esto es, coloca en un plano superior de racionalidad a la élite respecto de la multitud."[15] Dentro de la élite, ha de destacarse el papel que jugarán los líderes –que Ramos Mejía denomina *meneurs*– que son los que deben guiar a la multitud para encauzarlas y evitar que atenten contra la propia élite. Ahora bien, si se destaca cierta labor favorable de la multitud, explícitamente en el desempeño que tuvieron en la gesta independentista, la misma se encuentra diluida por el accionar de un elemento exógeno que ha de alterar la condición de abnegación patriótico y deber cívico que manifestaron estas multitudes: la inmigración. La inmigración no solo representa un problema por alterar la sangre nativa criolla, sino también por caudalosa y hasta abrumadora presencia:

> Como son tantos, todo lo inundan: los teatros de segundo y tercer orden, los paseos que son gratis, las iglesias porque son devotos y mansamente creyentes, las calles, las plazas, los asilos, los hospitales, los circos y los mercados.[16]

Esta presencia caótica del elemento extranjero es clasificada por Ramos Mejía a partir de tipos sociales desviados: el guarango, el canalla, el huaso, el compadre y el burgués aureus, son los componentes de esta descripción. Particularmente, el último de estos, es, para Ramos Mejía el más peligroso: "este burgués aureus, en multitud será temible si la educación nacional no lo modifi-

---

[15] Ibíd., p. 133.

[16] J. Ramos Mejía, *Las multitudes argentinas*, Buenos Aires, secretaría de cultura de la nación en coproducción con editorial marymar, 1994, p. 161.

ca con el cepillo de la cultura y la infiltración de otros ideales que lo contengan en su ascensión precipitada hacia el capitolio."[17] En este punto se pueden observar dos puntos relevantes para el pensamiento de Ramos Mejía; en primer lugar, el temor expresado hacia esta forma de inmigrante que potencialmente es capaz de llegar al capitolio, es decir, ocupar un lugar en el gobierno argentino, y en segundo lugar la adscripción a la idea de que la educación debiera actuar como factor modelador de las actitudes de estos inmigrantes.

¿Qué es lo que subyace en este diagrama de diagnóstico-respuesta? Subyace la vindicación del positivismo, en este caso bajo la vertiente inducida por Cesare Lombroso y luego por Gustave Le Bon, como forma más acabada de conocimientos de las causas y a su vez de respuesta a las mismas. La incidencia del positivismo cientificista, será por tanto, determinante a la hora de leer *Las multitudes* y comprender el pensamiento de José María Ramos Mejía.

Conclusión

La influencia del positivismo en la historia decimonónica resulta ser fundamental; sus preceptos teóricos y la vindicación de la ciencia como elemento de verdad para la comprensión del medio, ya sea político o social, se construirán en elementos corrientes para los pensadores de fines de siglo XIX. En palabras de Hugo Biagini, el positivismo, y en parte el llamado espíritu positivo, se inscriben dentro de una modalidad filosófica permanente: la de atenerse críticamente a lo dado, a la experiencia, oponiéndose a un uso irrestricto de la razón, al intuicionismo, a las verdades abstractas y absolutas.

> De allí que se haya tomado como modelo del conocimiento el método científico, sin dejar por ello al terreno pragmático [...] en síntesis se trataría no sólo de una filosofía y una metodología teóricas sino también de un programa de acción, de un modus operandi.[18]

Esta filosofía y programa de acción ha incidido, no de manera lineal en todos los países, determinantemente en los pensadores políticos argentinos. José María Ramos Mejía es uno de estos pensadores que, además, resulta ser un

[17] Ibíd., p. 169.

[18] H. Biagini, (comp.), *El movimiento positivista*, op. cit., p. 7.

actor político relevante al ocupar el cargo de presidente del Consejo Nacional de Educación entre los 1908 y 1912.

La incidencia del positivismo en R. Mejía, atravesada por otras vertientes tributarias como la antropología positiva esgrimida por Cesare Lombroso o la psicología de las masas impulsada por Gustave Le Bon, se podrá apreciar considerablemente a la hora de leer *Las multitudes* (1899). En este escrito se hace presente una doble operación: por un lado, un temor, una expresión de peligro ante la situación de masividad de los inmigrantes y su hipotética llegada al gobierno argentino, y por otro, la resolución de este temor a través de la educación como agente modelador de las conductas de estos inmigrantes. Diagnóstico y respuesta, entonces, conforman el eje de este escrito; el positivismo, por su parte, se podrá apreciar en ambos elementos de este eje estructurador. El diagnóstico es diagramado por la recepción del cientificismo biológico que le permitirá al autor la construcción de categorías no solo innovadoras sino también exactas. Exactitud que también tendrá la respuesta que ofrecerá Ramos Mejía a este problema; el medio conductual, la educación, que para resolver el enigma resulta ser el más acertado e inexpugnable.

En el polo opuesto, desde Europa, Friedrich Nietzsche escribiría en 1873 "Sobre verdad y mentira en sentido extra moral". El positivismo, en este caso, no será referenciado como un modelo de adhesión, sino que se pasará a realizar una crítica a esa corriente filosófica.

Esta crítica se asentará en desmontar la idea del hombre como sujeto de conocimiento, evidenciando la fisonomía artificial de la ciencia, de la verdad y de la mentira. A los ojos de Nietzsche, estos elementos no son más que artefactos creados por animales inteligentes: los hombres. El conocimiento, intermediado por el lenguaje, se sustenta en la imaginación humana que es creadora de metáforas y modelos que dan origen a la ciencia; en este sentido se puede destacar que:

> [...] la fuente original del lenguaje y del conocimiento no está en la lógica ("el origen del lenguaje no sigue un proceso lógico"), sino en la imaginación, en la capacidad radical e innovadora que tiene la mente humana para crear metáforas, analogías y modelos. El edificio de la ciencia se alza sobre las arenas movedizas de ese origen.[19]

---

[19] F. Nietzsche, *Sobre verdad y mentira en sentido extra moral*, Introducción de Manuel Garrido, Madrid, Editorial Tecnos, 1996, p. 7.

El panorama, entonces, es ficticio; la enunciación propia del lenguaje es insuficiente para sostener la constatación científica.

Entre Nietzsche y R. Mejía, por tanto, se puede observar una contraposición en cuanto a la operación que buscan establecer con sus escritos; mientras que el primero esboza una argumentación crítica al conocimiento, al lenguaje y a la ciencia, el segundo esgrime un desarrollo teórico basado justamente en alguno de estos elementos, para decirlo en otros términos, aquello que es objeto de refutación por parte de Nietzsche, será en R. Mejía el elemento de fundamentación y legitimidad como modelo de diagnóstico y respuesta, esto es, de interpretación de la realidad. Debo destacar, por último, que el presente trabajo permite abrir diversas vetas a partir de interrogantes que posibilitarán futuras investigaciones: ¿Es posible que R. Mejía hubiera leído a Nietzsche? ¿Cuál es la recepción de este último dentro del campo intelectual argentino? O ¿Cuándo surgirán las primeras manifestaciones contra el positivismo?